中华古历浅说

蒋南华 著

北京出版集团
北京出版社

图书在版编目（CIP）数据

中华古历浅说 / 蒋南华著 . — 北京：北京出版社，
2020.10

ISBN 978-7-200-14247-1

Ⅰ . ①中… Ⅱ . ①蒋… Ⅲ . ①古历法—中国—普及读
物 Ⅳ . ①P194.3-49

中国版本图书馆 CIP 数据核字（2018）第 174386 号

责任编辑：王忠波　孔伊南
责任印制：陈冬梅
封面设计：吉　辰

中华古历浅说
ZHONGHUA GULI QIANSHUO

蒋南华　著

出　　版	北京出版集团	
	北京出版社	
地　　址	北京北三环中路 6 号	
邮政编码	100120	
网　　址	www.bph.com.cn	
发　　行	北京出版集团	
印　　刷	北京华联印刷有限公司	
经　　销	新华书店	
开　　本	880 毫米 ×1230 毫米　1/32	
印　　张	6.75	
字　　数	139 千字	
版　　次	2020 年 10 月第 1 版	
印　　次	2020 年 10 月第 1 次印刷	
书　　号	ISBN 978-7-200-14247-1	
定　　价	68.00 元	

如有印装质量问题，由本社负责调换
质量监督电话　010-58572393

前言

　　中国古代天文历法及其推算技术（简称中华历术），是章黄学派已故学者，著名古星历家张汝舟先生，生前传授给我们的一门绝学。这门绝学在张汝舟先生的关门弟子贵州大学教授张闻玉等人的承传、讲授和传播下，在不久的将来，也许将成为破解中华文明七千年以上文明史中的若干历史事件、历史人物和历史文物典籍的年代及其真伪的一门检测、鉴定、"守土"、"护国"，弘扬中华传统优秀文化的"显学"。

　　我国是世界上最早的文明古国。早在一万八千年前，我国的先哲燧人氏就在今天湘、黔、川、渝、鄂五省（市）交界的"南垂"地区，"察辰心而出火"，开展了对天象、日月星辰的观测以确定一年的时令季节。七八千年前的伏羲太皞和炎帝神农，继燧人氏之后"仰则观象于天，俯则观法于地。观鸟兽之文，与地之宜，近取诸身，远取诸物。于是始画八卦，以通神明之德，以类万物之情"（《周易·系辞》），发明了穷阴阳之变，极富哲学辩证思维的先天（伏羲）八卦和开哲学社会科学和自然科学之滥觞的《连山易》。

　　生于公元前5080年（辛巳）的炎帝神农，通过对太阳、月亮、北斗、木火水金土五星和二十八宿之运行规律的长期观测和科学总结，于公元前5037年（甲子）创制了始于甲子年、甲子月、甲子日、甲子时合朔并交冬至的世界最早之"天元甲子历"（亦即上元太初历）。生于公元前4666年的黄帝轩辕氏，于公元前4567年（甲寅）在炎帝神农《天元甲子历》的基础上，调制了"建寅为正"的"天正甲寅历"。这就是沿用至今而被民间通称的"农家历"（也叫黄帝历）。此外，黄帝轩辕氏还创制了藏于龟腹的《龟藏易》。

由伏羲八卦的阴阳与三索以及"一生二，二生三，三生万物"的太极所演化的"象山之出云，连连不绝"的《连山易》和"万物莫不归藏其中"的《归藏易》以及"言《易》道周晋，无所不备"的《周易》所形成的中国易学，是中华文化和科学技术的活水源头，是哲学社会科学和自然科学之母，是中国和世界最早的思想宝库和百科全书。它不仅囊括了古代语言文字学、"天人合一"的思辨哲学、天文学和数理学、化学、生物学、地理生态学、医药学等等，它的"天人合一"、刚柔相济、宽松融合和对立统一的思维哲学，还深刻地影响了中国人民的思维模式和文化心态。

中国易学使中国古代哲学、数学和天文历法最早登上了世界科学的殿堂。一分为二和合二而一的辩证思维以及天人合一的哲学思想；从观象授时到四分历的推算；从八卦阴阳对立转化及其卦象推算而产生的十进位制和二进制算术，都是中国对世界科学做出的最早、最辉煌的伟大贡献。特别是二进制算术和天人合一的哲学思想，对于今天发展计算机技术、保持生态平衡、建设生态文明和环境友好型社会，具有深远的世界意义和现实指导意义。

19世纪二三十年代的疑古学派和西方的某些学者，出于对中国古代科学文化，特别是古代中华历术的懵然无知，竟然妄说"中国古代没有科学历法"，顶多只是"术而已"！今天我们编辑《中华古历浅说》和《中华人文稽考》（人民出版社2017年版）、张闻玉先生著述的《西周王年论稿》

（贵州人民出版社1996年版）、《夏商周三代纪年》（科学出版社2016年版）等的相继出版，不仅以无可争辩的铁的史实对怀疑论和无知论的信口雌黄进行了有力的批驳；同时为学界同仁和全国各族人民进一步了解和研究中华文明信史，继承中华民族优秀文化遗产，弘扬中华民族优秀传统文化，激发民族自豪感和爱国主义热情，提供了严谨科学的推算手段和宝贵的精神财富。

蒋南华

2017年8月20日

序论

　　我国是世界上最早的文明古国，是最早进入农耕生活的国家。远在两三万年前，我们的祖先出于农牧业生产和生活的需要，十分重视天时。他们凭着观察日月星辰在天幕上呈现出来的，带有一定规律的运行现象，来审时度节，安排农牧业生产，使之"不违农时"（《孟子》），做到"春耕、夏耘、秋收、冬藏，四时不失"，"五谷不绝"而民"不可胜食"（《荀子》）。"力不失时，则食不困……故知时为上，知土次之"（《农书》）。《吕氏春秋》云："夫稼，为之者人也，生之者地也，养之者天也，是故得时之稼兴，失对之稼约。""非天时，虽十尧不能冬生一穗"（《韩非子》）。

　　古人所谓的天时，实则是指一年四季和风雨雷电等与农事生产有着直接关系的自然现象。先民们发现这些关系到农牧业成败的自然现象，特别是气候的变化，则与日月星辰的运行规律（天象变化），有着十分密切的关系。因此他们非常重视天文，并在长期的生活实践中积累了丰富的天文知识。明清学者顾炎武云："三代以上，人人皆知天文。'七月流火'，农夫之辞也；'三星在户'，妇人之语也；'月离于毕'，戍卒之作也；'龙尾伏辰'，儿童之谣也……"（《日知录》卷三十）从现有的资料和出土文物，如在湖南怀化洪江高庙文化遗址，出土了距今七千八百年以前的"八角星图"（无字连山八卦）；在怀化会同连山乡（神农氏故里）的龟头坡发现了一个七千多年前的标刻有二十八宿和北斗等天文图像的"星象石"；在湖南岳阳君山，发现了一个七八千年前刻在岩石上的"星云图"；在安徽含山凌家滩遗址，发现了距今六千五百年前的"含山玉版"（《连山易》和《归藏易》的前期太极图）；等等。特别是1990年从河南濮阳西水坡45号仰韶文化墓葬的墓主人骨架左右两侧及脚端发现的，用蚌壳摆塑的龙虎和北斗图案说明：早在公元前4000年以前，被称为二十八宿的四相之一的"左苍龙"（东方苍龙七宿：角、亢、氐、房、心、尾、箕）和"右白虎"（西方白虎七宿：奎、娄、胃、昴、毕、参、觜）以及凭北斗柄夜晚方位和指向以定一年四季十二个月、二十四节气及一日时间之早晚（十二辰等）的方法，已经形成。（见1990年《文物》第三期）

1964年在郑州市东北部大河村发现的仰韶文化、龙山文化及夏、商文化遗存的大型遗址，出土了距今五千多年（公元前3000年以前）的大量精美绝伦的，描绘着太阳纹、月亮纹、星座纹、日晕纹等的彩陶。这些彩陶也充分表明了我国五千多年前的先民们就已经认识了日月星辰等自然现象及其变化规律。（见《中国教育报》1994年4月24日第三版《灿烂的文化——大河村遗址》）而公元前17世纪殷商时代的甲骨文就已有了关于星宿名称和日食、月食的记载。《周易》《尚书》《诗经》《春秋》《国语》《左传》《吕氏春秋》《礼记》《尔雅》《淮南子》等书更有不少天象观测实录和天象叙述如：

　　　　《尚书·尧典》："日中星鸟，以殷仲春……日永星火，以正仲夏……宵中星虚，以殷仲秋……日短星昴，以正仲冬……"

《尚书·夏书》："季秋月朔，辰弗集于房。瞽奏鼓，啬夫驰，庶人走。羲和尸厥官罔闻知。昏迷于天象，以干先王之诛。"

《尚书·康诰》："惟三月哉生魄，周公初基作新大邑于东国洛。"

《诗经·小雅·十月之交》："十月之交，朔月辛卯。日有食之，亦孔之丑。"

《春秋·穀梁传》："（隐公）三年春王二月己巳，日有食之。"

《国语·周语》："武王伐纣，岁在鹑火。"

《左传·僖公》："五年春王正月，辛亥朔，日南至。""（文公十四年）秋七月，有星孛于北斗。"

《吕氏春秋·孟春纪》："孟春之月，日在营室，昏参中，旦尾中……鱼上冰，獭祭鱼，候雁北……"

《礼记·月令》："孟春之月，日在营室，昏参中，旦尾中，其日甲乙……东风解冻，蛰虫始振，鱼上冰，獭祭鱼，鸿雁来……"

《周礼注疏》卷十："日至之景尺有五寸，谓之地中，天地之所合也，四时之所交也，风雨之所会也，阴阳之所和也……"

《尔雅·释天》："太岁在甲曰阏逢，在乙曰旃蒙，在丙曰柔兆，在丁曰强圉……"

《淮南子·天文训》："日冬至，井水盛，盆水溢。羊脱毛，麋角解，鹊始巢……日中而景丈三尺……"

《史记·天官书》《汉书·天文志》《汉书·律历志》则是古代天文历法的专著。文史工作者经常接触古代典籍，如果对古代天文历法不甚了了，那就很难谈得上进行深入的研究；就是一般文史爱好者，倘不懂得点古代天文历法知识，也就难以读懂古书。章太炎先生云："不通天文历法及音韵训诂，不能读古书。"例如：

《诗经·小雅·大东》："跂彼织女（三星鼎足而成三角之状），终日七襄，虽则七襄，不成报章。睆彼牵牛，不以服箱。东有启明，西有长庚，有捄天毕，载施之行。维南有箕，不可以簸扬。维北有斗，不可以挹酒浆。维南有箕，载翕其舌。维北有斗，西柄之揭。"

《诗经·召南·小星》："嘒彼小星，三五在东。肃肃宵征，夙夜在公，寔命不同。嘒彼小星，维参与昴。肃肃宵征，抱衾与裯，寔命不同。"

《诗经·鄘风·定之方中》："定之方中，作于楚宫。揆之以日，作于楚室。"

《国语·周语》："昔武王伐纣，岁在鹑火，月在天驷，日在析木之津，辰在斗柄，星在天鼋。"（注：天驷，房宿。大辰，房、心、尾也，大火亦谓大辰）

《离骚》："帝高阳之苗裔兮，朕皇考曰伯庸。摄提贞于孟陬兮，惟庚寅吾以降。"

《吕氏春秋·序意》："惟秦八年，岁在涒滩，秋甲子朔。朔之日，良人请问十二纪。"

贾谊《鵩鸟赋》："单阏之岁兮，四月孟夏。庚子日斜兮，鵩集于舍。"

　　《汉乐府·陌上桑》："日出东南隅，照我秦氏楼。秦氏有好女，自名为罗敷。罗敷善蚕桑，采桑城南隅。"

　　李白《蜀道难》："扪参历井仰胁息，以手抚膺坐长叹。"

　　杜甫《赠卫八处士》："人生不相见，动如参与商。"

　　苏轼《江城子·密州出猎》："会挽雕弓如满月，西北望，射天狼。"

　　的确，倘不通晓点天文历法知识，要读懂以上这些文字，实在是困难的。

　　因此，学习古代天文历法，对于我们研究古代历史、古代文学、古代科技、古代医学及文物考古，均有十分重要的实际意义。学习古代天文历法，不仅能帮助我们读懂古书、点校古籍、考证信史，对继承我国优秀文化遗产，发扬中华民族的优秀文化传统，激发我们的民族自豪感和爱国主义热情，攀登科学高峰，为建设四化，振兴中华贡献力量，均有十分重要的意义和作用。

目　录

观象授时

　　我国古代先民在长期的生活和生产实践中，凭太阳的东升西落、星辰的隐现出没、月亮的阴晴圆缺以及寒来暑往和草木禾稼的荣枯，确定了年、月、日以及春、夏、秋、冬等时间概念。年、月、日、时的这种从不间断的、周而复始的物质运动形式，就是日月星辰出没所形成的天文现象。

　　所谓天文就是天象，就是日月星辰在天幕上呈现出的有规律的运动现象（《淮南子·天文训》："文者象也，天先垂文，象日月五星及彗孛，皆谓以谴告一人，故曰天文。"）；而历法则是利用天象的变化规律来调配年、月、日、时的一种纪时法则。简单地说，历法是计量年、月、日、时的方法，就是年、月、日、时的安排调配。（《宋书·历志》云："历所以拟天行而序七耀，纪万国而授人时。"）这种安排调配、计量是依据天象变化的规律，即日月星辰的运行规律来确定的。

　　在我国真正的历法四分历还未产生以前，我国先民经历了一个漫长的"观象授时"年代。（《尚书·尧典》："乃命羲和，钦若昊天，历象日月星辰，敬授民时。分命羲仲宅嵎夷曰旸谷，寅宾出日，平秩东作，日中星鸟，以殷仲春，厥民析，鸟兽孳尾。申命羲叔宅南交，平秩南讹敬致，日永星火，以正仲夏，厥民因，鸟兽希革。分命和仲宅西曰昧谷，寅饯纳日，平秩西成，宵中星虚，以殷仲秋，厥民夷，鸟兽毛毨。申命和叔宅朔方曰幽都，平在朔易，日短星昴，以正仲冬，厥民隩，鸟兽氄毛。帝曰：咨！汝羲暨和，期三百有六旬有六日，以闰月定四时成岁。"）他们所观之象，一是天象，即日月星辰的运行规律（如《诗经》："七月流火""三星在户""嘒彼小星，三五在东"……）。二是物象，即动植物顺应节气而发生变化的现象规律，如：夏历二月玄鸟至、桃始华、仓庚鸣；三月桐始华、萍始生；四月蚯蚓出、王瓜生、苦菜秀；五月螳螂生、䴗始鸣、蝉始鸣、半夏生、鹿角解、木堇荣；六月鹰始鸷、蟋蟀居壁；七月寒蝉鸣、鹰乃祭鸟、乃登谷；八月鸿雁来、玄鸟归；九月菊有黄花、草木黄落、豺乃祭兽；十月黑鸟浴；十一月蚯蚓结、芸始生、麋角解；十二月雁北乡、鹊始巢；正月獭祭鱼、鱼上冰、草木萌动。三是气象，即风雨雷电等气象变化所显示的规律，如：夏历二月始雨水、雷乃发声；三月虹始见、下水上腾；四月小暑至；五月温风始至、大雨时行；六月凉风至、白露降；七月雷始收声、水始涸；八月霜始降；九月水始冰、地始冻、虹藏不见；十月冰益壮、地始坼；十一月冰方盛、水泽腹坚；十二月东风解冻、天气下降，地气上腾……（以上均见《大戴礼·夏小正》、《小戴礼·月令》、《诗经》及《淮南子·时则训》等。详见《观象授时要籍摘录一览表》，附后）

另外，《魏书·律历志》所录二十四节气物候，亦颇有参考价值，今特抄如下：

气	初候	次候	末候
冬至	虎始交	芸始生	荔挺出
小寒	蚯蚓结	麋角解	水泉动

大寒	雁北向	鹊始巢	雉始雊
立春	鸡始乳	东风解冻	蛰虫始振
雨水	鱼上冰	獭祭鱼	鸿雁来
惊蛰	始雨水	桃始华	仓庚鸣
春分	鹰化鸠	玄鸟至	雷始发声
清明	电始见	蛰虫咸动	蛰虫启户
谷雨	桐始华	田鼠为鴽	虹始见
立夏	萍始生	戴胜降桑	蝼蝈鸣
小满	蚯蚓出	王瓜生	苦菜秀
芒种	蘼草死	小暑至	螳螂生
夏至	鵙始鸣	反舌无声	鹿角解
小暑	蝉始鸣	半夏生	木堇荣
大暑	温风至	蟋蟀居壁	鹰乃学习
立秋	腐草为萤	土润溽暑	凉风至
处暑	白露降	寒蝉鸣	鹰祭鸟
白露	天地始肃	暴风至	鸿雁来
秋分	玄鸟归	群鸟养羞	雷始收声
寒露	蛰虫附户	杀气浸盛	阳气始衰
霜降	水始涸	鸿雁来宾	雀入水为蛤
立冬	菊有黄花	豺祭兽	水始冰
小雪	地始冻	雉入水为蜃	虹藏不见
大雪	冰益壮	地始坼	鹖旦不鸣

上古时代，我国中原地区的先民就是凭着对天象（如《诗经·豳风·七月》："七月流火，九月授衣。"《诗经·鄘风·定之方中》："定之方中，作于楚宫。"《诗

经·唐风·绸缪》："绸缪束薪，三星在天。"《诗经·召南·小星》："嘒彼小星，三五在东……"）、物象（如《诗经》："春日载阳，有鸣仓庚""蚕月条桑，取彼斧斨，以伐远扬""四月莠葽""五月鸣蜩""六月莎鸡振羽""七月鸣䴗""八月载绩""九月（蟋蟀）在户""十月蟋蟀入我床下"……）和气象（如《诗经》："九月肃霜""一之日觱发，二之日栗烈""厌浥行露，岂不夙夜，谓行多露"……）的观测来计量、安排年、月、日、时和夏春秋冬四季与二十四个节气的。《左传·僖公五年》："八月甲午晋侯围上阳，问于卜偃曰：'吾其济乎？'……对曰：'童谣云：丙之晨，龙尾伏辰，均服振振，取虢之旂，鹑之贲贲，天策焞焞，火中成军，虢公其奔。'其九、十月之交乎！丙子旦，日在尾，月在策，鹑火中，必是时也。"这是一个以天象详细记载晋灭虢国的经过及其具体日期（公元前655年夏历七月二十九日）的生动例子。

观象授时主要是观天象，即观测日月星辰的位置变化。这种位置变化是由日月星辰各自的运行规律所决定的。因此，观测并掌握日月星辰的位置变化（运行）规律，就能计量、安排年、月、日、时和春、夏、秋、冬及二十四个节气。

1. 观日象

我们知道太阳的东升西落和春夏秋冬一年四季的变化，是由地球的自转和公转所形成的。自转形成了"天"（昼夜）的概念；公转形成了四季和年的概念。但上古先民认为地球是不动的，天（昼夜）和四季的变化是太阳位置的变化所造成的。先民们凭着直觉的感观和长期积累的经验，把太阳东升西落的不同位置（太阳出山、入山的山名）标记下来，便成了测定季节的最早办法。《山海经》中的《大荒东经》和《大荒西经》分别所载太阳出入的六座山名。

《大荒东经》：

> 东海之外，大荒之中，有山名曰大言，日月所出；
>
> 大荒之中，有山名曰合虚，日月所出；
>
> 大荒之中，有山名曰明星，日月所出；
>
> 大荒之中，有山名曰鞠陵于天、东极、离瞀，日月所出；
>
> 大荒之中，有山名曰猗天苏门，日月所出；
>
> 大荒之中，有山名曰壑明俊疾，日月所出。

《大荒西经》：

> 西海之外，大荒之中，有方山者，上有青树，名曰柜格之松，日月所入也；
>
> 大荒之中，有山名曰丰沮玉门，日月所入；
>
> 大荒之中，有龙山，日月所入；
>
> 大荒之中，有山名曰日月山，天枢也，吴姬天门，日月所入；
>
> 大荒之中，有山名曰鏖鏊钜，日月所入者；
>
> 大荒之中，有山名曰常阳之山，日月所入；
>
> 大荒之中，有山名曰大荒之山，日月所入。

　　这就是先民观察太阳起落位置以定月季的实录。

　　观察太阳运行的另一个方法是观测日影长度的变化。太阳视运动的轨迹无法在天空标示，反映到地面上就是太阳的投影。高山、土阜、树木、房舍等一切有形之物，晴天白昼由于太阳光的照射都会出现投影。早晚影长，中午影短。季节不同，影子的长短也不一样。我国先民在生活实践中最早发明了立竿测影（土圭测影），亦叫圭表测影。表是直立的竿子，高八尺，圭是平放在地上的刻有尺度的玉板。（《说文》："圭，瑞玉也，上圆下方。"）日影长短就从平放的圭上显示出来。《周礼·地官·大司徒》："日至之景，尺有五寸。"《周礼·春官·冯相氏》郑玄注云："冬至，日在牵牛，景丈三尺；夏至，日在东井，景尺五寸。"我国先民最早用圭表测出了"二至"（冬至和夏至）的影长。不言而喻，"二分"（春分和秋分）的影长当是"二至"影长的平分值。因为从太阳的视运动来说，冬至时太阳在地球的南回归线上空，离我们所在的北半球最远。所构成的视角最小，故其投影最长；夏至时太阳在地球的北回归线上空，离我们最近，所构成的视角最大，故其投影最短。而"二分"（春分和秋分）时，太阳正处在地球的赤道线上空，离我们的距离居中，故其投影亦当居中。确定了"二至""二分"，则一年四季春夏秋冬的时间界定就清楚了。

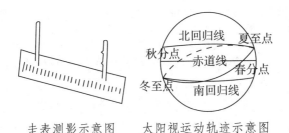

主表测影示意图　　太阳视运动轨迹示意图

《后汉书·律历志》所载二十四节气的日影长度：

冬至，晷景丈三尺；小寒，晷景丈二尺三；

大寒，晷景丈一尺；立春，晷景九尺六寸；

雨水，晷景七尺九寸五分；惊蛰，晷六尺五寸；

春分，晷景五尺二寸五分；清明，晷四尺一寸五分；

谷雨，晷景三尺二寸；立夏，晷二尺五寸二分；

小满，晷景尺九寸八分；芒种，晷尺六寸八分；

夏至，晷景尺五寸；小暑，晷尺七寸；

大暑，晷景二尺；立秋，晷景二尺五寸五分；

处暑，晷景三尺三寸三分；白露，晷景四尺三寸五分；

秋分，晷景五尺五寸；寒露，晷景六尺八寸五分；

霜降，晷景八尺四寸；立冬，晷景丈四寸二分；

小雪，晷景丈一尺四寸；大雪，晷景丈二尺五寸六分。

　　连续两次测出最长日影（冬至）或最短日影（夏至）之间所经历的时间，就得到了一年的时间长度。这个时间长度就是一个回归年的长度。古代称为岁实。《后汉书·律历志》云："日发其端，周而为岁，然其景不变。四周千四百六十一日，而景复初。是则日行之终。以周除日，得三百六十五四分度之一，为岁之日数。"利用圭表测定太阳的投影，不仅可以计时，而且还可以根据影差来确定两地之间的距离。如上所说汉郑司农注《周礼》以为：日影于千里而差一寸，日至之影尺有五寸。这种"千里一寸"的"地中"说，到了唐代，僧一行用"中晷"之法予以纠正。僧一行在全国设立十三个测候点，其测定大率为五百二十六里二百七十步，晷差二寸余，三百五十里八十步而极差一度。从此所谓地中之说与子午线一度的里数便有了正确的结论。懂得了太阳的视运动轨迹，像《汉乐府·陌上桑》"日出东南隅，照我秦氏楼。秦氏有好女，自名为罗敷。罗敷善蚕桑，采桑城南隅"这样的诗句就不难理解了。这是一幅描写一位青春美貌的女子在二月春分前"采桑城南隅"的美丽图画。

2. 观月象

月球是地球的卫星，它围绕着地球旋转。月球绕着地球运行一周为 $29\frac{499}{940}$ 日，古代称为月实或朔策。月球本身不发光，月球的光是它对太阳光的反射。随着月球与地球、太阳相互位置的变化，月球的隐现圆缺也发生周期性的变化。当月球与地球、太阳三者处在一条直线上，太阳照射到月球上的光线正好全被地球遮住时，这天即为朔日（亦即阴历初一），其合朔时刻用分数计。倘上月初一的合朔时刻原为0，则本月初一的合朔时刻为499分，下一个月的合朔时刻为58分（算法：$0 + 29\frac{499}{940} = 29\frac{499}{940}$），即本月为小月29天，合朔时刻为499分。$\frac{499}{940} + 29\frac{499}{940} = 30\frac{58}{940}$，即下一个月为大月（30天），合朔时刻为58分。58分折算为小时则为58：940=x：24；x=1.4059（小时）。当月球的受光面全部对着地球（不受地球任何遮挡）时，这天即为望日（阴历十五）。从朔日到望日，望日到朔日之间还有上弦（初八）、下弦（二十二）、既死魄（初一，魄亦读霸）、旁死魄（初二）、哉生魄（初三）、既生魄（十五）、旁生魄（十六）、既旁生魄（十七）以及朏（初三）、既望（十六）和晦（大月三十，小月二十九）、初吉（初一）等许多月相。初吉即是初一，如《诗经·小雅·小明》："二月初吉，载离寒暑。"毛传："初吉，朔日也。"《国语·周语上》："今至于初吉。"韦昭注："初吉，二月朔日也。"《论语》："吉月必朝服而朝。"孔安国注："吉月，朔也。"郑玄注《周礼·大司徒》云："正月之吉，周正月朔日也。"注《周礼·天官》云："吉，谓朔日。"注《周礼·族师》云："月吉，每月朔日也。"王国维以《三统历》之"孟统"推西周历朔，不合而"悟"出月相四分说，认为"初吉"是一个时段，是一日至七、八日。显然错了。王国维先生其所以错误，是他在推算西周以前的铭器历点时，忽略了四分历术经307年则差一日的问题。而四分历术是以公元前427年为"历元近距"进行运算的。因此用它推算早于公元前427年五六百年的历点，自然要相差两天了。

"生魄"，指月球的受光面。"死魄"，指月球的背光面。生魄和死魄，并不是月相。只有"既死魄"（既，尽也。《春秋·桓公三年》："日有食之既。"杜注："既，尽也。"）、"旁死魄"（旁，近也）、"哉生魄"（哉，才也）、"既生魄"、"旁生魄"、"既旁生魄"等才是月相。俞樾《春在堂全集》第十《曲园杂纂·生霸死霸考》云：

一曰既死霸，二曰旁死霸。
三曰哉生霸，亦谓之朏。
十六曰旁生霸，十七曰既旁生霸。

例如：

《尚书·武成》："惟一月壬辰，旁死霸。若翌日癸巳，武王乃朝步自周，于征伐纣。厥四月哉生明（霸），王来自商至于丰……丁未祀于周庙……越三日庚戌，柴望，大告武成。既生魄，庶邦冢君暨百工受命于周……""三月既死霸，粤五日甲子，咸刘商王纣。""四月既旁生霸，粤六日庚戌，武王燎于周庙。"

《尚书·召诰》："惟二月既望，越六日乙未，王朝步自周，则至于丰。""三月，惟丙午，越三日戊申，太朝于洛。"

《尚书·虞书》："正月朔旦，受命于祖宗。"

《师虎敦》："隹元年六月既望，甲戌。"

《牧敦》："隹王七年十又三月，既生霸，甲寅，王才（在）周……"

《诗经·小雅·十月之交》："十月之交。朔日辛卯，日有食之……"

《汉书·武帝纪》："元朔二年三月己亥晦，日有食之。"

3. 观星辰

依据星辰运行规律来计量、安排年、月、日和一年四季及二十四个节气，其方法主要有以下三种。

（1）观北斗柄

北斗星由斗身（魁）四星，天枢、天璇、天玑、天权和斗柄（杓）三星，玉衡、开阳、摇光组成。它所处的位置正好是地球运转轴北端所指的天体上空。它在不同的季节和夜晚不同的时间，总是出现于北部天空的不同方位。早在六千四百年以前的颛顼时代，我们的祖先通过长期的观测，对北斗星的运行规律及其重要性的认识，已十分透彻。《史记·天官书》云："斗为帝车，运于中央，临制四方，分阴阳，建四时，均五行，移节度，定诸纪，皆系于斗。"我国先民根据北斗柄在初昏时候的指向来定月份和季节，在《大戴礼·夏小正》中就有明确记载："（十一月冬至）斗柄悬在下。"（指正北）"（五月夏至）初昏斗柄正在上。"（指正南）此后的古书《鹖冠子·环流》篇记载的就更具体了："斗柄东指，天下皆春；斗柄南指，天下皆夏；斗柄西指，天下皆秋；斗柄北指，天下皆冬。"西汉刘安的《淮南子·时则训》记载的则更为周详："孟春之月，招摇指寅，昏参中，旦尾中，其位东方……仲春之月，招摇指卯，昏弧中，旦建星中，其位东方……季春之月，招摇指辰，昏七星中，旦牵牛中，其位东方……""孟夏之月，招摇指巳，昏翼中，旦婺女中，其位南方……仲夏之月，招摇指午，昏亢中，旦危中，其位南方……季夏之月，招摇指未，昏心中，旦奎中，其位中央……""孟秋之月，招摇指申，昏斗中，旦毕中，其位西方……仲秋之月，招摇指西，昏牵牛中，旦觜觿中，其位西方……季秋之月，招摇指戌，昏虚中，旦柳中，其位西方……""孟冬之月，招摇指亥，昏危中，旦七星中，其位北方……仲冬之月，招摇指子，昏壁中，旦轸中，其位北方……季冬之月，招摇指丑，昏娄中，旦氐中，其位北方……"

古人凭斗建定月和季节的方位，我们可以围绕北斗星画一个圆圈，按东南西北四个方位将圆圈分为十二等分，仿照钟表的形式（见北斗柄指向示意图）来加以说明：下为子（正北）；右下斜为丑，为寅；正右为卯（正东）；右上斜为辰，为巳；上为午（正南）；左上斜为未，为申；正左为酉（正西）；左下斜为戌，为亥。初昏时候观斗柄所指，便能定出月份和春夏秋冬及二十四个节气：斗柄指子（"斗柄悬在下"，指正北）是冬至，十一月；斗柄指丑（东北方，偏北）是大寒，十二月；斗柄指寅（东北方，偏东）是雨水，正月；斗柄指卯（正东）是春分，二月；斗柄指辰（东南方，偏东）是谷雨，三月；斗柄指巳（东南方，偏南）是小满，四月；斗柄指午（"斗柄正在上"，指正南）是夏至，五月……以此类推，北斗星真像是一部摆在天空，供人们随时阅看的历书和钟表。

北斗柄指向示意图（一）

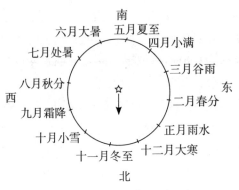

北斗柄指向示意图（二）

月建	子	丑	寅	卯	辰	巳	午	未	申	酉	戌	亥
阴历	十一月	十二月	正月	二月	三月	四月	五月	六月	七月	八月	九月	十月
节气	冬至	大寒	雨水	春分	谷雨	小满	夏至	大暑	处暑	秋分	霜降	小雪
斗柄指向	在下	下右	下右	右	右上	右上	上	上左	上左	左	左下	左下
钟表（时）	6	5	4	3	2	1	12	11	10	9	8	7

（2）观五星

早在六七千年以前，我国先民凭肉眼观测就已认识了五星——金、木、水、火、土，并且掌握了它们各自的运行规律及其经天周期。四千二百年前的《尚书·尧典》所云"璇玑玉衡以齐七政"，这"七政"就是日月和五星。古人有时称金星为明星、启明星，或为太白、长庚。称木星为岁星或纪星。称水星为辰星，火星为荧惑，土星为镇星等等。《诗经》中"东有启明，西有长庚"，"子兴视夜，明星有烂"以及"昏以为期，明星煌煌"，这些就是观金星所在位置而定时的具体例子。

战国时期，人们对于五星运行的观测已经到了相当精密的程度。著名星历家甘德和石申所测定的火星和木星的经天周期分别为1.90年和12年，同今人的科学测定（1.88年和11.8622年）仅仅相差0.02年和0.1378年。

古代星历家们还以木星经天十二年为一周期，创制了"岁星纪年法"。这种纪年法就是把天球赤道由西往东匀分为星纪、玄枵、娵訾、降娄、大梁、实沉、鹑首、鹑火、鹑尾、寿星、大火、析木十二次（辰），以代替子、丑、寅、卯、辰、巳、午、未、申、酉、戌、亥十二支。木星每年行经一次（辰），十二年一周天。当木星运行到"星纪次"时，这年就叫"岁在星纪"，运行到"玄枵次"时，这年就叫"岁在玄枵"。如《国语·周语》："武王伐纣，岁在鹑火。"《国语·晋语》："君之行也，岁在大火。"《汉书·律历志》："汉高祖皇帝著纪伐秦……岁在大棣，名曰敦牂……"但实际上木星运行一周天不是12年，而是11.8622年。这样岁星纪年一周期就相差0.1378年（12年－11.8622年＝0.1378年），七个多周期，即86年就刚好相差了一年〔算法是：1÷（12－11.8622）＝7.25（周天），11.8622年×7.25＝86年〕，也就是说每隔86年岁星就要多行经一辰（次）。这个现象星历家们叫作"跳辰"。如《左传·鲁襄公二十八年》（公元前545年）"岁在星纪而淫于玄枵"即"岁弃其次（星纪），而旅于明年之次（玄枵）"出现"跳辰"了。岁星纪年出现跳辰之后，这个岁星纪年法因其失灵而最终被放弃了。

（3）观二十八宿

前面提到我国先民远在公元前四千多年以前就已有

了二十八宿和苍龙、白虎、朱雀、玄武四象的概念，夏商时代，先民就已熟悉和掌握了二十八宿的运行规律。《左传·昭公元年》："昔高辛氏有二子，伯曰阏伯，季曰实沉，居于旷林，不相能也。日寻干戈，以相征讨。后帝不臧，迁阏伯于商丘，主辰（主祀心宿大火）。商人是因，故辰（主星，心宿）为商星；迁实沉于大夏（晋阳），主参（主祀参星）。唐人是因……故参为晋星。由是观之，则实沉参神也。"《左传·襄公九年》亦云："陶唐氏之火正阏伯，居商丘，祀大火，而火纪时焉，相土因之，故商主大火（注：相土契孙，商之祖也）。商人阅其祸败之衅，必始之火，是以日知其有天道也。"这个人身与星宿附会的故事说明：我国夏代很重视参宿三星的观察。每当参宿三星黄昏见于西方之时，就意味着一年春季（夏历正月）的开始。参宿成了夏族的主祭星，而商朝却重视对心宿大火的观察（如《诗经·豳风·七月》"七月流火，九月授衣"），每当心宿三星黄昏见于东方的时候，就意味着夏季（夏历四月，殷历五月）的来临，因此心宿大火便成为商族的主祭星了。《公羊传·昭公十七年》："大火为大辰，伐为大辰，北极亦为大辰"（大火即心宿，伐即参宿，主星）说的就是这个意思。何休《公羊解诂》云："大火谓心星，伐为参星，大火与伐，所以示民时之早晚，"大辰就是观察天象的标准星。

所谓二十八宿（包括四象），在夏商以前就已形成全套观念：

东方苍龙七宿：角、亢、氐、房、心、尾、箕；

北方玄武七宿：斗、牛（牵牛）、女、虚、危、室

（定、营室）、璧；

西方白虎七宿：奎、娄、胃、昴、毕、觜、参；

南方朱鸟（雀）七宿：井、鬼、柳、星（七星）、张、翼、轸。

观二十八宿须知黄道，古人在北回归线二十三度半的高空，假想一个与地球赤道平行的大圆圈叫黄道，二十八宿（二十八个恒星区，西方叫星座）分布在这黄道上（或稍南或稍北），并以各自相对不变的位置，由东向西移动。我国先民把黄道这个大圆圈等分为十二段（十二宫、次）并 $365\frac{1}{4}$ 度（亦即一个回归年的天数）。二十八宿以"冬至"（牵牛初度）为起点，每天西移一度，每月西移一宫（一辰或一次）约30.4度（$365\frac{1}{4} \div 12 = 30.4$），一年运行一周天。今年冬至到明年冬至周而复始。

这样我们只要从二十八宿中随便认准其中任何一个星宿，并对它进行定点定时观察，我们就能分清一年四季、十二个月和二十四节气的交节（气）时间。如某一星宿（例如鬼宿）夏历正月初一酉时（下午六点钟）的宿位与地平线成90度的直角（出现于中天时），那么二月初一的酉时它就偏西30度；三月初一的酉时，它就偏西60度；四月初一的酉时，它就偏西90度，即与地平线平行（进入地平线）而见不着了。古人正是用这种办法来确定酉时的中星宿位并凭借对它的观察来确定月份和时令的。

再以商族的主祭星——心宿大火为例，它的运行规律是，《尚书·尧典》：五月"日永星火"；《礼记·月令》："季夏之月，昏火中。"

《诗经·豳风·七月》："七月流火。"

《大戴礼·夏小正》："八月辰则伏。"（辰即房宿，为东方苍龙七宿角、亢、氐、房、心、尾、箕的主星，它靠近心宿大火。故"辰伏"可视为"火伏"。）

《大戴礼·夏小正》："九月内火。"

根据古人的这些记载，我们知道古代观测天象有"中、流、伏、内"的概念。所谓中、流、伏、内，是指每个星宿在不同的月份于初昏时候，在天际所显示的不同位置。"日永星火"，日永是指白天最长的一天，即夏至（也就是《月令》："季夏之月，昏火中。"和《夏小正》："六月初昏斗柄正在上。"指午这一天。"上"是正南。北斗柄指正南的这一天就是夏至）。而夏至必在夏历的五月（夏历正月雨水，二月春分，三月谷雨，四月小满，五月夏至，六月大暑，七月处暑，八月秋分，九月霜降，十月小雪，十一月冬至，十二月大寒。这十二个中气是必须遵循的规律。二十四节气始于天象，律于历法，是制历的标尺，是违背不得的）。"日永星火"就是说，每年夏历五月夏至这一天的黄昏时候（酉时，下午六点），心宿大火就出现在天顶的上空（中天，它与地面成90度的交角）。反言之，就是每当我们黄昏时候看到大火出现在天顶的上空时，就知道这天准是夏历的五月夏至了。

因二十八宿每天西移一度，心宿大火夏历五月初昏现于中天，六月就移到了离中天30度的西方天空了。也就是说，当我们初昏时候在偏西30度的天空（与地面交角为60度）看到大火时，就知道这个月是夏历六月了。这就是《诗经·豳风·七月》所记的天象"七月流火"。（由此也可以证明，

《诗经》所用的历是建丑为正的殷历，它与建寅为正的夏历刚好相差一个月。因此夏历的六月便是殷历的七月了。）夏历六月以后大火继续西流30度（偏西60度），就是夏历的七月份了（此时心宿大火与地面成30度的交角）。这时地面上的人们按理在初昏时候，应能看到大火，但由于这时西方日光较强，因太阳光的照射作用，我们就看不到大火了。所以谓之"火伏"（《夏小正》所说的"八月辰则伏"，由此也可以证实：《大戴礼·夏小正》记历用的也是殷历）。七月以后大火再继续西流30度（偏西90度），就到了夏历的八月了。这时心宿大火的位置与地面平行（交角为零度），即已进入地平线，"入土"了。入土就是"内"（纳），这就是《夏小正》所说的"九月内火"。

以上推算说明：心宿大火的中、流、伏、内，用建寅为正的夏历（今之农历）推算，其所在之月恰好同《月令》、《夏小正》及《诗经·豳风·七月》等记载相差一个月。由此可见，《尚书·尧典》用的是建寅为正的夏历，而《礼记·月令》、《大戴礼·夏小正》及《诗经》（除《小雅·十月之交》等个别篇目章外）用的是建丑为正（以夏历十二月为岁首）的殷历。搞清了这个问题，我们对《诗经》及其《豳风·七月》中提到的许多时令问题，就可通迎而解了（详见《诗经用历说》）。

《尚书·尧典》所载四仲中星"日短星昴""日中星鸟""日永星火""宵中星虚"就是以昴宿、星宿（星宿是南方朱鸟七宿井、鬼、柳、星、张、翼、轸中居中的一宿。为避免人们"日中星星"之惑，故言"日中星鸟"）、心宿（大火）、虚宿四星酉时（初昏时候）在中天的宿位而确定冬至、春分、夏至、秋分四个重要气日的。由于昴宿是仲冬（夏历十一月）的中星；（七）星鸟宿是仲春（夏历二月）的中星，心宿大火是仲夏（夏历五月）的中星，虚宿是仲秋（夏历八月）的中星，所以星历家们称昴、星（鸟）、心、虚四宿为"四仲中星"。

我们可以根据《尚书·尧典》四仲中星和《夏小正》："正月参中""三月参则伏""八月辰则伏""九月内火"，以及《诗经》："七月流火"与《礼记·月令》关于昏旦中星的记载："孟春之月，日在营室，昏参中，旦尾中……仲春之月，日在奎，昏弧中，旦建星中……季春之月，日在胃，昏七星中，旦牵牛中……孟夏之月，日在毕，昏翼中，旦婺女中……仲夏之月，日在东井，昏亢中，旦危中……季夏之月，日在柳，昏火中，旦奎中……孟秋之月，日在翼，昏建星中，旦毕中……仲秋之月，日在角，昏牵牛中，旦觜觿中……季秋之月，日在房，昏虚中，旦柳中……孟冬之月，日在尾，昏危中，旦七星中……仲冬定月，日在斗，昏东壁中，旦轸中……季冬之月，日在婺女，昏娄中，旦尾中……"列出一个酉时（初昏）中星"中、流、伏、内"表（见附表）。利用这个表，我们可以查检到许多古籍中所记载的天文现象的具体时令。例如《诗经·鄘风·定之方中》："定之方中，作于楚宫。"定星即室宿（营室）。它酉时的中天宿位，从表上一查便知是夏历九月。这时正值霜降之后，各种庄稼均已收纳，水落石出、土干木枯之时，是伐木取土建筑房屋的最好时节。至今民间修造房舍（打土墙）和烤烟棚，大都选择在这个时候。

又如《诗经·唐风·绸缪》："绸缪束薪，三星在天。今夕何夕，见此良人……绸缪束刍，三星在隅。今夕何夕，见此邂逅……绸缪束楚，三星在户。今夕何夕，见此粲者。"历代注家对其"三星"的解释各不相同。有的认为是心宿三星（如朱熹《诗集传》）；有的认为是参宿三星（如毛诗传），也有认为是同指心宿、参宿和河鼓三星的（注：河鼓为牛宿）。王力主编的《古代汉语》则说："那要看诗人作诗的时令了。"这等于没说，实际上未做出任何解释。《唐风·绸缪》是首描写一对新婚夫妇在新婚之夜，邂逅相遇的欢乐情景的诗。倘我们了解古代的婚俗，如《夏小正》云："二月（即夏历正月）绥多女士"，其传曰："绥，安也。冠子取妇之时也。"正月婚娶，这是古代的婚俗。《周礼·媒氏》亦云："中（仲）春之月（即夏历正月），令会男女，于是时也。奔者不禁。若无故而不用令者，罚之。司男女之无夫家者而会之。"按此婚俗，我们一查酉时中星"中流伏内"表，就能很快得知这个"三星"显然是指参宿三星了。因为参宿三星酉时的中天宿位正是夏历十二月（殷历一月），而夏历正月，正是参宿三星西"流"之月，完全符合诗中"三星在天""三星在隅""三星在户"的天象。另外我们从这首诗的起兴"绸缪束薪"（"把柴火捆成一把一把的"）来看，也可以说明"三星"是参宿三星了。因为参宿三星出现在天空的季节为冬末春初，这时正是需要烤火御寒的时候，因此诗人起兴才容易联想到柴薪。倘是指心星（大火）三星，那么它酉时出现于中天的时候，正是夏历五月。而夏历五、六月份是最炎热的季节。有谁会在这炎夏之夜，作诗以柴薪起兴呢？！据此我们可以肯定诗中的"三星"必是参宿主星无疑。

　　周朝时候，特别是春秋战国时期，人们不仅早已对二十八宿有了完整的概念并精确地测定出了它们各自的"距度"（如《汉书·律历志》载：角12度、亢9度、氐15度、房5度、心5度、尾18度、箕11度、斗26.25度、牛8度、女12度、虚10度、危17度、室16度、壁9度、奎16度、娄12度、胃14度、昴11度、毕16度、觜2度、参9度、井33度、鬼4度、柳15度、星7度、张18度、翼18度、轸17度，合计一周天共365.25度，刚好是一个回归年的长度），而且还形成了二十八宿与二十四节气及一年十二个月的完美对应关系。如《汉书·律历志》中的《次度》：

　　　　星纪，初，斗十二度，大雪；中，牵牛初，冬至（于夏为十一月，商为十二月，周为正月）。终于婺女七度（引者按："星"记月。"初"指二十四节气中的初节，"中"指二十四节气中的中气。"中，牵牛初，冬至"是说当牵牛初度夜半在中天出现时，这天便是夏历十一月的中气冬至）。

　　　　玄枵，初，婺女八度，小寒；中，危初，大寒（于夏为十二月，商为正月，周为二月）。终于危十五度。

　　　　诹訾，初，危十六度，立春；中，营室十四度，惊蛰（今日雨水。于夏为正月，商为二月，周为三月）。终于奎四度。

　　　　降娄，初，奎五度，雨水（今日惊蛰）；中，娄四度，春分（于夏为二月，商为三月，周为四月）。终于胃六度。

　　　　大梁，初，胃七度，谷雨（今日清明）：中，昴八度，清明（今日谷雨。于夏为三月，商为四月，周为五月）。终于毕十一度。

实沉，初，毕十二度，立夏，中，井初，小满（于夏为四月，商为五月，周为六月）。终于井十五度。

鹑首，初，井十六度，芒种：中，井三十一度，夏至（于夏为五月，商为六月，周为七月）。终于柳八度。

鹑火，初，柳九度，小暑，中，张三度，大暑（于夏为六月，商为七月，周为八月）。终于张十七度。

鹑尾，初，张十八度，立秋：中，翼十五度，处暑（于夏为七月，商为八月，周为九月）。终于轸十一度。

寿星，初，轸十二度，白露，中，角十度，秋分（于夏为八月，商为九月，周为十月）。终于氐四度。

大火，初，氐五度，寒露；中，房五度，霜降（于夏为九月，商为十月，周为十一月）。终于尾九度。

析木，初，尾七度，立冬；中，箕七度，小雪（于夏为十月，商为十一月，周为十二月）。终于斗十一度。

据张汝舟先生考证，《汉书·历律志》中的《次度》是公元前450年左右的天象实录。这份珍贵的天象史料概括了观象授时在天象观测方面的全部成果，为我国四分历的施制提供了可靠的天象依据。它的出现有力证实我国阴阳合历的科学历法时代早已开始了。

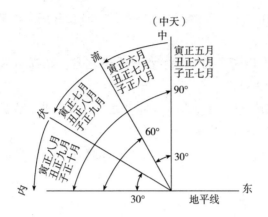

心宿大火酉时"中、流、伏、内"表

寅正（夏历）	12	1	2	3	4	5	6	7	8	9	10	11
丑正（殷历）	1	2	3	4	5	6	7	8	9	10	11	12
子正（周历）	2	3	4	5	6	7	8	9	10	11	12	1
中	参	鬼	星	翼	角	火	箕	牛	危	室	娄	昴
流	昴	参	鬼	星	翼	角	火	箕	牛	危	室	娄
伏	娄	昴	参	鬼	星	翼	角	火	箕	牛	危	室
内	室	娄	昴	参	鬼	星	翼	角	火	箕	牛	危

附《尚书·尧典》《夏小正》《礼记·月令》《淮南子·时则训》昏、旦中星于下：

1.《尚书·月令》：十一月"日短星昴。"

《礼记·月令》："季冬之月，日在婺女，昏娄中，旦氐中。"

《淮南子·时则训》："仲冬之月，招摇指子，昏壁中，旦轸中，日短至。"

2.《夏小正》："正月初昏参中，斗柄悬在下。"

《礼记·月令》："孟春之月，日在营室，昏参中，旦尾中。"

《淮南子·时则训》："季冬之月，招摇指丑，昏娄中，旦氐中。"

3.《礼记·月令》："仲春之月，日在奎，昏弧中（弧在舆鬼南），旦建星中。"

《淮南子·时则训》："孟春之月，招摇指寅，昏参中，旦尾中。"

4.《尚书·尧典》：二月"日中星鸟。"

《夏小正》："三月参则伏。"

《礼记·月令》："季春之月，日在胃，昏七星中，旦牵牛中。"

《淮南子·时则训》："仲春之月，招摇指卯，昏弧中，旦建星中，日夜分。"

5.《夏小正》："四月昂则见，初昏南门正。"

《礼记·月令》："孟夏之月，日在毕，昏翼中，旦婺女中。"

《淮南子·时则训》："季春之月，招摇指辰，昏七星中，旦牵牛中。"

6.《夏小正》："五月参则见。"

《礼记·月令》："仲夏之月，日在东井，昏亢中，旦危中。"

《淮南子·时则训》："孟夏之月，招摇指巳，昏翼中，旦婺女中。"

7.《尚书·尧典》：五月"日永星火。"

《夏小正》："六月初昏，斗柄正在上。"

《礼记·月令》："季夏之月，日在柳，昏火中，旦奎中。"

《淮南子·时则训》："仲夏之月，招摇指午，昏亢中，旦危中，日长至。"

8.《夏小正》："七月，初昏织女正东乡（向），斗柄悬在下则旦。"

《礼记·月令》："孟秋之月，日在翼，昏建星中，旦毕中。"

《淮南子·时则训》："季夏之月，招摇指未，昏心中，旦奎中。"

9.《夏小正》："八月辰则伏，参中则旦。"

《礼记·月令》："仲秋之月，日在角，昏牵牛中，旦觜巂中。"

《淮南子·时则训》："孟秋之月，招摇指申，昏斗中，旦毕中。"

10.《尚书·尧典》：八月"宵中星虚。"

《夏小正》："九月内火。"

《礼记·月令》："季秋之月，日在房，昏虚中，旦柳中。夜分。"（注：日夜分，即秋分）

11.《夏小正》："十月，织女正北乡。"

《礼记·月令》："孟冬之月，日在尾，昏危中，旦七星中。"

《淮南子·时则训》："季秋之月，招摇指戌，昏虚中，旦柳中。"

12.《礼记·月令》："仲冬之月，日在斗，昏东壁中，旦轸中。"

《淮南子·时则训》："孟冬之月，招摇指亥，昏危中，旦七星中。"

从以上所列各月昏旦中星发现：《淮南子·时则训》所载同《夏小正》及《礼记·月令》略有差异。其原因是：《淮南子》是西汉刘安所著，它记载的是西汉初期的天象观测，而《夏小正》与《礼记·月令》则是殷周之际的旧典，二者相距年代甚远。二十八宿均为恒星，按一般说法，它们是恒定不动的。但实际上恒星也在动，只是动得十分缓慢。经测算，其密律是每七十一年八个月恒星东移一度。因此，《淮南子》记载的昏旦中星与《礼记·月令》等出现差异就不足为奇了。

附观象授时要籍摘录一览表

夏历	殷历	周历	月建	《尚书·尧典》	《大戴礼·夏小正》	《诗经·豳风·七月》	《小戴礼·月令》	《淮南子·时则训》
黄正·十一月	丑正·十二月	子正月	子	十一月 日短星昴	（天象）十二月	一之日	季冬之月，昏娄中，旦氐中	仲冬之月，招摇指子，昏壁中，旦轸中，日短至
					（气象）	栗烈	冰方盛，水泽腹坚	冰益壮，地始坼，水泉动
					（物象）鸣弋、玄驹贲贲麋角		雁北乡，鹊始巢，雉雊鸡乳	鹖鴠不鸣，虎始交，蚯蚓结，麋角解，荠始生，荔挺出
					（农事）纳卵蒜，虞人入梁	其同载缵武功，凿冰冲冲	命渔师始渔，命告民，出五种，命农计耦耕事，修耒耜，具田器。岁且更始，专而农民，毋有所使，论时以待来岁之宜	伐树木，取竹箭，十一月官都尉，其树枣
					正月	三之日	孟春之月	季冬之月
十二月	正月	二月	丑	十二月	（天象）初昏参中，斗柄悬在下，鞠则见		日在营室，昏参中，旦尾中	招摇指丑，昏参中，旦氐中
					（气象）时有俊风，寒日涤冻涂		东风解冻，天气下降，地气上腾	

续表

夏历	殷历	周历	月建	《尚书·尧典》	《大戴礼·夏小正》	《诗经·豳风·七月》	《小戴礼·月令》	《淮南子·时则训》
					（物象）启蛰，雁北乡，雉震呴，鱼陟负冰，甬有见韭，田鼠出，獭兽祭，鹰则为鸠，鱼陟，梅杏柂，桃则华，缇缟，鸡桴粥	于耜纳（冰）于凌阴	蛰虫始振，獭祭鱼，鸿雁来，天地和同，草木萌动	雁北归，鹊始巢，雉雊鸡呼卵
					（农事）农纬厥耒，初岁祭耒（一作韭），农及雪泽，农率均田，初服于公田，采芸	于耜纳（冰）于凌阴	天子亲载耒……躬耕帝籍。立春之日……天子……	命渔师始渔，令民出五种，命农计耦耕事，修末耜具田器，十二月官狱
					二月（天象）	四之日	仲春之月，日在奎，昏弧中，旦建星中，日夜分	孟春之月，招摇指寅，昏参中，旦尾中
					（气象）		始雨水，始电	东风解冻
正月	二月	三月	寅	正月	（物象）昆小虫抵蚳，来降燕，乃睇，有鸣，仓庚，木堇，柔芸，时有见稊始收		仓庚鸣，鹰化为鸠，蛰虫咸动，启户始出，桃始华	蛰虫始振苏，鱼上负冰，獭祭鱼，候雁北

续表

夏历	殷历	周历	月建	《尚书·尧典》	《大戴礼·夏小正》	《诗经·豳风·七月》	《小戴礼·月令》	《淮南子·时则训》
					（农事）往耰黍禅。初俊羔助厥母粥，采繁由胡剥，绥多女士祭鲔	四之日其蚤，献羔祭韭	耕者少舍，乃修阖扇，寝庙毕备，天子乃献羔开冰，上丁习舞释菜	正月官司空其树杨
					（天象）三月参则伏	蚕月，春日载阳，春日迟迟	季春之月，日在胃，昏七星中，日牟中中	仲春之月，卯，昏弧中，旦建星中，日夜分
二月	三月	四月	卯	二月日中星鸟	（气象）越有小旱		虹始见，时雨将降，下水上腾	始雨水，雷始发声
					（物象）螫则鸣，田鼠化为鴽，鸣鸢拂桐芭	有鸣仓庚，蚕月条桑	田鼠化为鴽，其羽，戴胜降于桑，桐始生	仓庚鸣，鹰化为鸠，蛰虫咸动苏，桃李始华
					（农事）摄桑，颁冰采识，妾，子始蚕，执养宫事析麦实	爰求柔桑，繁取彼斧，以伐远扬，猗彼女桑	萍始生，修利堤防，道达沟渎，开通道路，亲乐乡躬桑，后妃斋戒，禁妇女毋观，省妇使以劝蚕事	二月官仓，其树杏
三月	四月	五月	辰	三月	（天象）四月昂则见初昏南门正	四月	孟夏之月，日在毕，昏翼中，旦婺女中	季春之月，招摇指辰，昏七星中，旦牵牛中
					（气象）越有大旱		天子始绨	虹始见

夏历	殷历	周历	月建	《尚书·尧典》	《大戴礼·夏小正》	《诗经·豳风·七月》	《小戴礼·月令》	《淮南子·时则训》
					（物象）鸣扎鸣鶪，王萯秀，菌有见杏否秀幽	萋萋	蝼蝈鸣，蚯蚓出，苦菜秀，麦秋至，王瓜生	田鼠化为駕，鸣鸠奋其羽，戴胜降于桑，桐始生，萍始生
					（农事）取荼，执陟攻驹		驱兽毋害五谷，毋大田猎，农乃登麦，畜百药，蚕事毕后妃献茧	修利堤防，导通沟渎，后妇斋戒禁东乡，聚妇使劝蚕事，乃合，樱牛腾马游牝于牧，三月官乡，其器李
四月	四月	四月	巳	四月	五月（天象）参则见，时有养日	五月	仲夏之月，昏亢中，旦危中，日长至	孟夏之月，招摇指巳，昏翼中，旦婺女中
					（气象）		小暑至	
					（物象）浮游有殷，鴂则鸣良蜩鸣兴，三五日窗，望，三五日窗，唐蜩鸣，三五日鴂伏，鸠为鹰，蜩鸣		螳螂生，鵙始鸣，反舌无声，鹿角解，蝉始鸣，半夏生，木堇荣	蝼蝈鸣，蚯蚓出，王瓜生，苦菜称

续表

夏历	殷历	周历	月建	《尚书·尧典》	《大戴礼·夏小正》	《诗经·豳风·七月》	《小戴礼·月令》	《淮南子·时则训》
五月	六月	七月	午	五月日永星火	（农事）乃瘳衣瓜，启灌蓝蓼种黍、菽糜煮梅、蓄兰、蓄菽、糜、颁马。六月（天象）初昏斗柄正在上。（气象）（物象）鹰始鸷		农乃登黍、令民毋食艾兰以染。游牝别群，班马政。季夏之月，日在柳，昏火中，旦奎中。土润溽暑	驱兽畜，勿令害谷，四月官田，其树桃。仲夏之月，昏亢中，旦危至中，日长至。小暑至
六月	七月	八月	未	六月	（农事）煮桃。七月（天象）初昏织女正东乡。斗柄悬在下则旦	六月温风始至莎鸡振羽食郁七月流火	蝼蝈居壁，鹰乃学习，腐草为萤，树木方盛。命渔师伐蛟取鼍登龟取鼋。命泽人纳材苇。孟秋之月，日在翼，昏建星中，旦毕中	螳螂生，鵙始鸣反，舌无声，鹿角解，蝉始鸣，半夏生，木堇荣。五月官相，其树榆。季夏之月，昏心中，旦奎中

续表

夏历	殷历	周历	月建	《尚书·尧典》	《大戴礼·夏小正》	《诗经·豳风·七月》	《小戴礼·月令》	《淮南子·时则训》
七月 八月	八月 九月	九月	申	七月	（气象）时有霖雨 （物象）狸子肇肆，寒蝉鸣，莙濯生，苹莠，爽死，苹莠 （农事）灌荼 八月（天象）辰则伏，参中则旦 （天象） （物象）为鼠鹿人从，栗零，丹鸟羞白鸟	鸣䴗（蟋蟀）在野 烹葵及菽食瓜 八月 （蟋蟀）在宇　萑苇	凉风至，白露降 寒蝉鸣，鹰乃祭鸟 农乃登谷，天子尝新，完堤防，谨壅塞，以备水潦。修宫室，坏墙垣，补城郭 仲秋之月，日在角，昏牵牛中，旦觜觿中，日夜分 凉风至，白露降，阴气日盛，雷始收声，水始涸	凉风始至，土润溽暑，大雨时行 蟋蟀居奥，鹰乃学习，腐草化为妍 六月官少内　其树梓 孟秋之月，招摇指申，昏斗中，旦毕中 凉风至，白露降 寒蝉鸣，鹰乃祭鸟

续表

夏历	殷历	周历	月建	《尚书·尧典》	《大戴礼·夏小正》	《诗经·豳风·七月》	《小戴礼·月令》	《淮南子·时则训》
					（农事）剥瓜，玄校，剥枣	载绩，其获，剥枣，断壶	可以筑城郭，建都邑，穿窦窖，修囷仓，趣民收敛，务畜菜，多积聚，乃劝种麦	农始升谷天子尝新，完堤防，谨障塞以备水潦，修城郭，趣民收敛，多畜菜，乃畜积聚，七月官库，其树楝
					九月（天象）内火，辰系于日	九月	季秋之月，日在房，昏虚中，旦柳中	仲夏之月，招摇指酉，昏牵牛中，旦觜巂中；鵙鸣，日夜分
					（气象）	肃霜	霜始降，寒气总至	凉风至，水始涸
					（物象）遰鸿雁，陟玄鸟蛰，熊、罴、貊、貉、鼶、鼬则穴，鞠则见，荣鞠	（蟋蟀）在户	鸿雁来宾，豺乃祭兽戮禽，爵入大水为蛤，鞠有黄华，草木黄落	候雁来，玄鸟归，君鸟翔，蛰虫培户
八月	九月	十月	酉	八月宵中星虚	（衣事）王始裘，主夫出火	授衣，叔苴，采荼薪樗，筑场圃	百工休，毕谨其户，天子乃教于田猎，以习五戎，班马政，乃伐薪为炭	筑城郭，建都邑，穿窦窖，修囷仓，趣民收敛，畜蔬采，劝种宿麦，八月官尉，其树柘

续表

夏历	殷历	周历	月建	《尚书·尧典》	《大戴礼·夏小正》	《诗经·豳风·七月》	《小戴礼·月令》	《淮南子·时则训》
九月	十月	十一月	戌	九月	十月（天象）初昏南门见，时有养夜，织女正北乡，则旦；（气象）；（物象）豺祭兽，黑鸟浴，雄雉入于淮为蜃；（农事）	十月；蟋蟀入我床下；塞向墐户。曰为改岁，为此春酒，纳禾稼，昼尔于茅，宵尔索綯，涤场	孟冬之月，日在尾，昏危中，旦七星中；水始冰，地始冻，天地不通，闭塞而成冬；雉入大水为蜃	季秋之月，招摇指戌，昏虚中，旦柳中；霜始降；鸿雁来宾，爵入大水为蛤，鞠有黄华，草木黄落，豺乃祭兽戮禽，蛰虫咸俯；百工休，通路除道，乃伐薪为炭，九月官候，其树槐
十月	十一月	十二月	亥	十月	十一月（天象）	一之日	仲冬之月，日在斗，昏东壁中，旦轸中；日短至	孟冬之月，招摇指亥，昏危中，旦七星中

续表

夏历	殷历	周历	月建	《尚书·尧典》	《大戴礼·夏小正》	《诗经·豳风·七月》	《小戴礼·月令》	《淮南子·时则训》
					（气象）	觱发	冰益壮，地始坼，泉动	水始冰，地始冻，虹藏不见
					（物象）	于貉	鹖旦不鸣，虎始交，蚯蚓结，麋角解，荔挺出	雉入大水为蜃
					（农事）王狩，陈筋革，啬人不从		伐木取竹箭，审门闾，谨房室，必重闭	天子始裘，命司徒行积聚，修城郭，修边境完要塞，十月官，司马其树檀

七十二候

　　观象授时，主要是观天象、气象和物象。应该说，最早的观察还是从气象和物象开始的。因为气象和物象对初民的生产和生活，比天象来得更为直接，更有切身的利害关系。古代记载观象授时的文字，比如《尚书·尧典》、《夏小正》和《礼记·月令》，它们虽有天象记载，但其大量的文字记载则是关于气象和物象的。以《礼记·月令》为例，"孟春之月，日在营室，昏参中，旦尾中……东风解冻，蛰虫始振，鱼上冰，獭祭鱼，鸿雁来。""仲春之月，日在奎，昏弧中，旦建星中……始雨水，桃始华，仓庚鸣，鹰化为鸠……玄鸟至……日夜分，雷乃发声；始电，蛰虫咸动，启户始出。""季春之月，日在胃，昏七星中，旦牵牛中……桐始华，田鼠化为鴽，萍始生……生气方盛，阳气发泄……时雨将降，下水上腾……鸣鸠拂其羽，戴胜降于桑……蚕事既登。""孟夏之月，日在毕，昏翼中，旦婺女中……蝼蝈鸣，蚯蚓出，王瓜生，苦菜秀……农乃登麦……靡草死，麦秋至……蚕事毕。""仲夏之月，日在东井，昏亢中，旦危中……小暑至，螳螂生，鵙始鸣……农乃登黍……日长至，阴阳争，死生分……鹿角解，蝉始鸣，半夏生，木堇荣。""季夏之月，日在柳，昏火中，旦奎中……温风始至，蟋蟀居室，鹰乃学习，腐草为萤……树木方盛……土润溽暑，大雨时行。"……每月的三象记录，涉及天象的确实甚少（除记载了每月太阳所在的位置及昏、旦中星外，其他天象则很少涉及）。至今民间流传的许多农谚，就是古代人民观察气象和物象的经验的生动总结。元代末年娄元礼编撰的《田家五行》便记载了农谚140多条，其中不少是天象结合气象和物象的内容。如：月晕主风，日晕主雨；一个星，保夜晴；星光闪烁不定，主有风。夏夜见星密，主热，东风急备蓑笠；风急云起，愈急必雨、鸦浴风，鹊浴雨，八哥儿洗浴断风雨。獭窟近水，主旱，登岸，主水。

我国先民，很早就根据全年每月的天象、气象和物象，总结出了七十二候和二十四节气，用以指导农事活动。七十二候"五日一候，三候一气，故一岁有二十四节气"（宋代王玉麟《玉海》）。七十二候的"候"，是气候义，每候有一个相应的物候现象，叫作候应。物候包括了气象与物象两方面的内容。一年七十二候，每月六候，每三候就有一个节气。这三候，分别称为初候、次候和末候，它是我国古代特有的一种物候历。

完整的七十二候，最早见于《吕氏春秋》十二纪中。它除七十二候外，还记有十余候。《吕氏春秋》十二纪，取材于《夏小正》，和《礼记·月令》同属一种物候历。它与《逸周书》所反映出的二十四节气的节气历系统并行不悖。汉代《淮南子》宗法《逸周书》并将七十二候与二十四节气配合起来，合二而一，成为了一个完整的农事历体系。如《孟春纪第一》中记有："孟春之月……东风解冻，蛰虫始振，鱼上冰，獭祭鱼……是月也以立春……天气下降，地气上腾，天地和同。草木繁动。"《仲春纪第二》中记有："仲春之月……始雨水，桃李华，仓庚鸣，鹰化为鸠……

是月也玄鸟至……日夜分（即春分），雷乃发声，始电，蛰虫咸动，开户始出。"《季春纪第三》中记有："季春之月……桐始华，田鼠化为鴽，虹始见，萍始生……生气方盛，阳气发泄，生者毕出，萌者尽达……时雨将降，下水上腾……鸣鸠拂其羽，戴胜降于桑……后妃斋戒，亲东乡躬桑……蚕事既登……"

　　汉代以后，很多农书以二十四节气和七十二物候为中心内容，并根据当地的农事实际加以修改补充，制定出各种农事历、农家历、田家历、田家月令、每月栽种书、每月纪事和逐月事宜之类的农家历书，对农事生产起了有力的指导作用。有的一直沿用至今，千年不废。

古代纪年法

我国古代纪年法，约有五种：

（一）帝王纪年法

从西周大量金文和出土的殷商甲骨铭文记载可以证实，殷商和西周都以商王、周王的在位年数来纪年。这种以帝王在位年数来纪年的方法，叫帝王纪年法。如：

《尚书·泰誓》书序："惟十有一年，武王伐殷，一月戊午，师渡孟津。"

古本《竹书纪年》："周武王十一年庚寅，周始伐商"（见《唐书·历志》）。

《吕氏春秋·首时》："（武王）立十二年而成甲子之事。"

《周师旦鼎》："隹（成王）元年八月丁亥。"（金文通释10）

《何尊》："在四月丙戌，隹（成王）五祀（年）。"（文物76.1）

铜器《番生壶》铭文："隹（成王）廿又六年七月初吉己卯。"

《虢季氏子组盘》："隹（昭王）十有一年，正月初吉乙亥。"（金文通释200）

《小盂鼎》："隹八月既望，辰在甲申。隹（昭王）卅

又五祀（年）。"（大系录19）

《牧敦》："佳（穆王）七年十又三月，既生霸，甲寅。"（大系录58）

《此鼎》："佳（穆王）十又七年十又二月，既生霸，乙卯。"（文物76．5）

《善夫山鼎》："佳（穆王）卅又七年正月初吉庚戌。"（文物56．7）

又如《左传·隐公》："（隐公）元年，春，王正月……夏五月郑伯克段于鄢。""二年……秋八月庚辰，公及戎盟于唐……十有二月乙卯夫人子氏薨，郑人伐卫。""三年春王二月己巳日有食之。三月庚戌天王崩。夏四月辛卯，君氏卒。秋，武氏子来求赙。八月庚辰，宋公和卒。冬十有二月，齐侯郑伯盟于石门。癸未葬宋穆公。"《左传·桓公》："（桓公）元年春，王正月，公即位。三月公会郑伯于垂，郑伯以璧假许田，夏四月丁未，公及郑伯盟于越。"《国语·周语》："幽王三年西周三川皆震……十一年幽王乃灭，周乃东迁。"

《晋语》记献公事："十七年冬，公使太子伐东山……二十一年公子重耳出亡……二十六年献公卒。"《越语》："越王勾践即位三年而伐吴……四年王召范蠡而问焉。"

汉武帝以后，我国历代皇帝一般在即位时用新年号，中间根据需要也可以随时更换。如汉武帝元鼎元年（公元前116年）正式建立年号并称元鼎。以前在位的二十四年，每七年追建一个年号。按顺次是：建元、元光、元朔、元狩、元鼎。（如《汉书·武帝纪》："建元二年……春二月丙戌朔，日有蚀之。夏四月戊申有如日夜出……""元

光元年……秋七月癸未日有蚀之。""元朔二年……三月
己亥晦，日有蚀之。""元狩二年……五月乙巳晦日有蚀
之。""元鼎五年……十一月辛巳朔旦冬至。""太初元
年……十一月甲子朔旦冬至，祀上帝于明堂。""太始四
年……十月甲寅晦日有蚀之。""征和四年……八月辛酉晦
日有蚀之。""后元二年……二月丁卯帝崩于五柞宫，入殡
于未央宫前殿，三月甲申葬茂陵。"）这些就是中国皇帝年
号纪年的例子。在我国历史上，更换皇帝年号最多的是武则
天。她在位二十年（公元684—704年），竟先后使用过十八
个年号。只有清朝皇帝一律是一帝一个年号，如康熙、雍
正、乾隆、嘉庆、光绪。康熙在位六十一年，乾隆在位六十
年，其年号使用时间也最长久。

从汉武帝起直到清末，中国历史上，使用过的皇帝年号
共计约六百五十个，其中不少是重复使用的，如"太平"年
号，就曾先后用过八次。不过，在这些朝代使用帝王（或皇
帝年号）纪年时，也往往伴以干支纪年。

用帝王（或皇帝年号）纪年法纪年，上下无延续关系，
使用实不方便。但在古代典籍中，用这种帝王年号来记载
（或标明）重大历史事件者，却不乏其例。诸如"太初改
历"（汉武帝时代）、"元嘉体"、"元嘉草草"（刘宋文
帝时代）、"贞观之治"（唐太宗时代）、"开元天宝"
（唐玄宗时代）、"元和体"、"元和姓纂"、"元和郡县
志"（唐宪宗时代）、"元祐党争"（宋哲宗时代）、"永
乐大典"（明成祖时代）、"天启通宝"（明熹宗时代）、
"启崇遗诗考"（天启、崇祯——明思宗时代）、"康熙字
典"（清圣祖时代）、"乾嘉学派"（乾隆，清高宗；嘉

庆，清仁宗时代）等。对此，我们又不能不有所了解。

（二）岁星纪年法

这是以天象（木星）为基础的纪年法。所谓岁星纪年，就是以木星经天十二年为一周期，把天球赤道带由西往东均匀地划分为星纪、玄枵、娵訾、降娄、大梁、实沉、鹑首、鹑火、鹑尾、寿星、大火、析木十二次（亦叫辰或宫）以代替子、丑、寅、卯、辰、巳、午、未、申、酉、戌、亥十二支，即"十二辰"（古人创立这十二次的用途主要有两种：一是用来指示一年四季太阳所在的位置，以说明节气的变换。例如说太阳在星纪中交冬至，在玄枵中交大寒，在娵訾中交雨水，在降娄中交春分，在大梁中交谷雨，在实沉中交小满，在鹑首中交夏至，在鹑火中交大暑，在鹑尾中交处暑，在寿星中交秋分，在大火中交霜降，在析木中交小雪——以上见《礼记·月令总图》；一是用来说明岁星每年运行所到的位置，并据以纪年）。当木星（岁星）运行到"星纪"次时，这年就叫"岁在星纪"（如《左传·昭公三十二年》："岁在星纪。"《汉书·律历志》："汉太初元年……岁在星纪婺女六度。"）；运行到"玄枵"次时，这年就叫"岁在玄枵"；运行到"降娄"次时，这年就叫"岁在降娄"（如《左传·襄公三十年》："於子蟜卒也，将葬，公孙挥与裨灶晨会事焉。过伯有氏，其门上生莠。子羽曰：'其莠犹在乎？'于是岁在降娄。"）；运行到"鹑火"次时，这年就叫"岁在鹑火。"（如《国语·周语》："武王伐纣，岁在鹑火，月在天驷，日在析木之津，辰在斗柄，星在天鼋。"《汉书·律历志》亦云："武王伐纣……岁在鹑火，张十三度。"）；运行到"大火"次时，这年就叫"岁在大火"（如《国语·晋语》："君之行也，岁在大火。"《汉书·律历志》："（成汤）伐桀之岁……岁在大火，房五度。"）。但实际上木星运行的周期（一周天）并不是12年，而是11.8622年。这样，一周天就相差0.1378年（12－11.8622＝0.1378）。多少周天相差一年呢？1÷0.1378＝7.256894049（周天），即7.256894049周天就相差一年。这就是说，每隔七周多，即86年（算法是7.25684049×11.8622＝86），木星就要多行经一个辰次。这个现象星历家们称作"跳辰"。因此到鲁襄公二十八年（公元前545年），这个岁星纪年便因"岁在星纪而淫于玄枵"，"岁弃其次，而旅于明年之次"即出现"跳辰"而后被废置了。

我们可以《左传·鲁襄公二十八年》即公元前545年"岁在星纪而淫于玄枵"和《左传·昭公三十二年》即公元前510年"岁在星纪"所载的这一实际天象为"基础历点"，排出"岁在星纪"的各年代——即《岁在星纪年表》。不过，排表时需要注意的是"跳辰"问题。公元前545年"岁在星纪而淫于玄枵"，这就是说：公元前545年岁星本当在"星纪"次。但它已经超辰，跑到下一个辰次"玄枵"去了。也就是说，从实际天象来看，"岁星"在公元前546年就已经"次"于"星纪"了。"岁星纪年"是以十二年为一周天的，所以，岁星下一年"星纪"当是546－12＝534，即公元前534年了。于是我们就可以公元前534年和《左传·昭公三十二年》即公元前510年"岁在星纪"为基础历点排出下表：

岁在星纪	岁在星纪	岁在星纪	岁在星纪	岁在星纪	岁在星纪
前534年	前451年	前368年	前285年	前202年	前129年
前522年	前439年	前356年	前273年	前90年	前107年
前510年	前427年	前344年	前261年	前178年	前95年
前498年	前415年	前332年	前249年	前166年	前83年
前486年	前403年	前320年	前237年	前154年	前71年
前474年	前391年	前308年	前225年	前142年	前59年
前463年（此年跳辰）	前380年（此年跳辰）	前297年（此年跳辰）	前214年（此年跳辰）	前131年（此年跳辰）	前48年（此年跳辰）

　　岁星纪年创立的"星纪""玄枵"等十二宫次，原本主要是用来纪年的，恰又与地支十二的数目相吻合。岁星纪年（因出现跳辰）废止之后，其纪年的名目（"星纪""玄枵"……）却保留了下来，并为四分历的编制者所利用，以代替子、丑、寅、卯、辰、巳、午、未、申、酉、戌、亥十二支。不过它只用来纪月而不纪年了。《汉书·律历志》的"次度"就是这样记载的："星纪，初，斗十二度，大雪；中，牵牛初，冬至（于夏为十一月，商为十二月，周为正月），终于婺女七度。""玄枵，初，婺女八度，小寒；中，危初，大寒（于夏为十二月，商为正月，周为二月），终于危十五度。"……这里的"星纪""玄枵"显然是用以纪月了。

（三）太岁纪年法

由于岁星纪年所用的"十二次"，是沿天球赤道自西向东依次记为"星纪""玄枵""娵訾""降娄""大梁""实沉""鹑首""鹑火""鹑尾""寿星""大火""析木"。岁星行经的这个十二次的方向，与古人熟悉的天体十二辰（以十二地支配二十八宿）划分的方向正好相反，在实际运用中很不方便。于是星历家们便设想出一个假岁星叫"太岁"（《汉书·天文志》叫"太岁"，《史记·天官书》叫"岁阴"，《淮南子·天文训》叫"太阴"），让它与真岁星（木星）"背道而驰"而与二十八宿的十二辰运行方向顺序相一致——即从东到西，匀速运行十二年为一周天。仍按分周天赤道带十二等分的办法，将地平圈分为十二等分（亦即子丑寅卯十二辰），只是方向相反，以"玄枵"次为子，"星纪"次为丑，"析木"次为寅，"大火"次为卯，"寿星"次为辰，"鹑尾"次为巳，"鹑火"次为午，"鹑首"次为未，"实沉"次为申，"大梁"次为酉，"降娄"次为戌，"娵訾"次为亥。并给这十二辰子、丑、寅、卯……分别以"十二岁阴"名之：子——困敦、丑——赤奋若、寅——摄提格、卯——单阏、辰——执徐、巳——大荒落、午——敦牂、未——协洽、申——涒滩、酉——作鄂、戌——阉茂、亥——大渊献。使之与岁星纪年的十二次（星纪、玄枵……）相区别。

太岁纪年创始之初和岁星纪年保持着固定的对应关系，即：岁星在"星纪"，太岁在寅；岁星在"玄枵"，太岁在卯；岁星在"陬訾"，太岁在辰；岁星在"降娄"，太岁在巳；岁星在"大梁"，太岁在午；岁星在"实沉"，太岁在未；岁星在"鹑首"，太岁在申；岁星在"鹑火"，太岁在酉；岁星在"鹑尾"，太岁在戌；岁星在"寿星"，太岁在亥；岁星在"大火"，太岁在子；岁星在"析木"，太岁在丑（太岁纪年与岁星纪年最初的这种固定对应关系，后来由于岁星纪年出现"跳辰"而被打破了）。

用这种假想的天体——"太岁"所在的"辰"来纪年的方法，就叫太岁纪年法。

因为太岁纪年创始行用之初，就考虑了与岁星纪年的接续和对应关系。所以使用太岁纪年法推算历点时，就要首先确定岁星（木星）尚未出现"跳辰"前的实际位置，特别是要确定岁星在"星纪"次时的年代，以求找到太岁纪年的起算点。

前面曾提到，我国的科学历算，始于甲子年甲子月甲子日甲子时，合朔并交冬至的"天元甲子历"。亦即"太初历"（"上元太初历"）。其创始年代为公元前5037年甲子。它的首创者是炎帝神农氏。四百七十年后（公元前4567年甲寅），黄帝将其调制为"天正甲寅历"。《史记·历术甲子篇》称这年为"焉逢摄提格太初元年"。"摄提格"年就是寅年。（《淮南子·天文训》："太阴（太岁）在寅，岁名曰摄提格。"）同时我们从前面的《岁在星纪年表》中发现：公元前427年即为"岁在星纪"之年。可见在公元前427年岁纪年与太岁纪年保持着"岁星在星纪，太岁在寅"的对应关系（附《淮南子·天文训》所列太阴与岁星的对应关系于后）。据此，我们不仅可以排出《摄提格寅年表》（其表附后），而且还可由此证明：我国有典为证的科学历算，司马迁《史记·历术甲子篇》以公元前427年为其历元近距，进行纪年，确凿无疑。

岁星纪年因"跳辰"而破产之后，相伴而生的太岁纪年也因之而失去了"岁星在星纪，太岁在寅"这种固定的对应关系。但由于"太岁"只是一个假想的天体，它不像真岁星那样，要以天象观测为依据。因此。它也不像岁星那样存在"跳辰"问题。王引之《太岁考》云："岁星超辰，而太岁不与俱超……干支相承有一定之序。若太岁超辰，则百四十四年而越一干支，甲寅之后遂为丙辰。大乱纪年之序者，无此矣……故论岁星之行度则久而超辰，不与太岁相应，古法相应之说，断不可泥。岁星纪年每八十六年就出现一次"跳辰"，而太岁纪年根本没有"跳辰"。战国初期的"太阴在寅，岁星在星纪"，到了汉代太初年间"太阴在寅"而岁星在"陬訾"就是这个道理（见《汉书·天文志》）。

由于太岁没有跳辰，这样它便可以脱离同岁星的对应关系，而成为不受天象制约的纪年法（太岁纪年法），且由于它的"摄提格""单阏""执徐"等十二"岁阴"，与十二地支相配合，久而久之，它就成了十二地支的别名，并在实际中取代了十二地支。所以太岁纪年法十二年一循环，本质上就是地支纪年。如：

屈原《离骚》："帝高阳之苗裔兮，朕皇考曰伯庸，摄提贞于孟陬兮，惟庚寅吾以降。"贾谊《鵩鸟赋》："单阏之岁兮，四月孟夏，庚子日斜兮，鵩集于舍。"

《汉书·律历志》："汉高祖皇帝著纪伐秦……岁在大棣名曰敦牂，太岁在午。""汉历太初元年……汉志曰岁名困敦。”

许慎《说文解字·后叙》：“粤在永元，困顿之年，孟
陬之月，朔日甲子。”用的便是太岁纪年法。

附一

《淮南子·天文训》所列太阴与岁星的固定对应关系：

> 太阴在寅，岁名曰摄提格，其雄为岁星，舍斗、牵牛
> （星纪）；
> 太阴在卯，岁名曰单阏。岁星舍须女、虚、危（玄枵）；
> 太阴在辰，岁名曰执徐。岁星舍营室、东壁（陬訾）；
> 太阴在巳，岁名曰大荒落。岁星舍奎、娄（降娄）；
> 太阴在午，岁名曰敦牂。岁星舍胃、昴、毕（大梁）；
> 太阴在未，岁名曰协洽。岁星舍觜、参（实沉）；
> 太阴在申，岁名曰涒滩。岁星舍东井、舆鬼（鹑首）；
> 太阴在酉，岁名曰作鄂。岁星舍柳、七星、张（鹑火）；
> 太阴在戌，岁名曰阉茂。岁星舍翼、轸（鹑尾）；
> 太阴在亥，岁名曰大渊献。岁星舍角、亢（寿星）；
> 太阴在子，岁名曰困顿。岁星舍氐、房、心（大火）；
> 太阴在丑，岁名曰赤奋若。岁星舍尾、箕（析木）。

以上这些“太阴”名与《史记·历术甲子篇》所记“岁
阴”名相同，只是个别的字写法不一，如：“阉茂”《史
记》写作“淹茂”；困顿，《史记》写作“困敦”。

附二

摄提格寅年表

摄提格（寅）	摄提格（寅）	摄提格（寅）	摄提格（寅）	摄提格（寅）
前427年	前355年	前283年	前211年	前139年
前415年	前343年	前271年	前199年	前127年
前403年	前331年	前259年	前187年	前115年
前391年	前319年	前247年	前175年	前103年
前379年	前307年	前235年	前163年	前91年
前367年	前295年	前223年	前151年	前79年

附三

星次示意图

（四）干支纪年法

干支纪年法，就是以十天干——甲、乙、丙、丁、戊、己、庚、辛、壬、癸和十二地支——子、丑、寅、卯、辰、巳、午、未、申、酉、戌、亥，依次自然组合成甲子、乙丑、丙寅、丁卯、戊辰、己巳、庚午、辛未……即"六十甲子"来轮回纪年的方法（附干支表于后）。十天干和十二地支之称谓，始于何时？各有什么含义？尚不得而知。总之我国殷商甲骨中就已有完整的六十干支骨片。关于它们的含义，《史记·律书》略有论及。现检抄于下："甲者，言万物剖符甲而出也；乙者，言万物生轧轧也。"（大约是指二月份的物象）"丙者，言阳道著明，故曰丙；丁者，言万物之丁壮也，故曰丁。"（既言天象也言物象）"庚者，言阴气庚万物，故曰庚；辛者，言万物之辛生，故曰辛。""壬之为言任也，言阳气任养万物于下也；癸之为言揆也，万物可揆度，故曰癸。"（大约是指十一月的气象与物象）"子者，滋也。滋者，言万物滋于下也。"（"十一月也"）"丑者，纽也。言阳气在上未降，万物厄纽未敢出也。"（"十二月也"）"寅，言万物始生蚓然也，故曰寅。"（"正月也"）"卯之为言茂也，言万物茂也。"（二月也）"辰者，言万物之也。"（"三月也"）"巳者，言阳气之已尽也。"（"四月也"）"午者，阴阳交，故曰午。"（"五月也"）"未者，言万物皆成，有滋味也。"（"六月也"）"申者，言阴用事，申贼万物，故曰申。"（"七月也"）"酉者，万物之老也。故曰酉。"（"八月也"）"戌者，言万物尽灭，故曰戌。"（"九月也"）"亥者，该也，言阳气藏于下，故该也。"（"十月也"）干支纪年始于何时？尚待考订。不过从《史记·十二诸侯年表》"欲一观诸要难自共讫孔子表"来看，西周时期即已施行干支纪年。《十二诸侯年表》云："庚申共和元年，以宣王少，大臣共和行政（《集解》徐广曰："自共和元年岁在庚申，讫敬王四十三年，凡三百六十五年。共和在春秋前一百一十九年。"）……甲子（周厉王五年）……甲子（周幽王五年）……甲子（周桓王三年）……甲子（周惠王二十年）……甲子（周定王十年）……甲子（周景王八年）……甲子（周敬王四十三年）。"孔子卒于周敬王四十一年，亦即鲁襄公十六年，该年为壬戌。以上干支纪年"六十甲子"一轮回，从共和元年庚申，经六个甲子至周敬王四十三年（甲子年）止，凡三百六十五年有条不紊。

　　另外，《周髀算经》、《尸子》、《帝王世纪》、《易经·系解》及《通鉴外纪》均云：伏羲神农"立周天历度""正四时之制"即在"黄帝调历以前。（巳）有上元太初历等"（《史记索隐》）。可见干支纪年由来久矣。《通鉴外纪》："包牺氏没，女娲氏作，元年辛未。"又曰："神农纳奔水氏女曰听谈，生临魁，帝临魁元年辛巳，在位六十年，或云八十年；次帝承元年辛巳，在位六年或云六十年；帝明元年丁亥，在位四十九年，帝直元年丙子，在位四十五年；帝釐一曰克元年辛酉，在位四十八年；帝哀元年己酉，在位四十三年；帝榆罔元年壬辰，在位五十五年。自神农至榆罔四百二十六年……"（经考订，应为四百八十六年）池本理《鸿史·帝王统纪》曰："伏羲氏代燧人氏继天而王，元年癸酉。""伏羲氏殁，女娲氏作元年戊辰。"
（此说比《通鉴外纪》早出三年）

有人说干支纪年始于东汉，这是不对的。清代学者孙星衍《问字堂卷五·再答钱少鲁书》亦云："今按《史记·十二诸侯年表》，自共和讫孔子，太岁未闻超辰，表自庚申纪岁，终于甲子，自属迁本文，亦不得谓古人不以甲子纪岁。《货殖传》云：'太阴在卯，穰，明岁衰恶；至午，旱，明岁美。'此亦甲子纪岁之明征，不独后汉书今年岁在辰，来年岁在巳之文矣。"

正因为干支早在战国以前就已用来纪年、纪月，并以纪日，所以到了战国初期，星历家们为了避免人们在使用干支纪年、纪月、纪日问题上可能发生的紊乱（故避子、丑、寅、卯等文字），于是便采用了十天干和十二地支的别名，即十"岁阳"（阏逢、旃蒙、柔兆、强圉、著雍、屠维、上章、重光、玄黓、昭阳）和十二"岁阴"（摄提格、单阏、执徐、大荒落……），组成了一种别具特色的干支纪年。《尔雅·释天》曰："太岁在甲曰阏逢，在乙曰旃蒙，在丙曰柔兆，在丁曰强圉，在戊曰著雍，在己曰屠维，在庚曰上章，在辛曰重光，在壬曰玄黓，在癸曰昭阳。""太岁在寅曰摄提格，在卯曰单阏，在辰曰执徐，在巳曰大荒落，在午曰敦牂，在未曰协洽，在申曰涒滩，在酉曰作噩，在戌曰阉茂，在亥曰大渊献，在子曰困敦，在丑曰赤奋若。"《史记·历术甲子篇》所列一蔀（甲子蔀七十六年）的岁名统统是用这个办法来记载的。如：甲寅年就写作"焉逢摄提格"；乙卯年就写作"端蒙单阏"；丙辰年就写作"游兆执徐"了……后世文人学者仿古，纪年往往亦用"岁阳"和

"岁阴"之干支别名。如：北宋学者司马光《资治通鉴》卷一百七十六《陈记》注曰："起阏逢执徐，尽著雍涒滩，凡五年。"（从甲辰到戊申，共五年）清初文人朱彝尊《谒孔林赋》："粤以屠维作噩之年，我来自东，至于仙源。"（"屠维作噩之年"就是己酉年）许梿《六朝文原序》亦曰："道光五年，岁在旃蒙作噩壮月。海昌许梿书于古韵阁。"（"旃蒙作噩壮月"就是乙酉年八月）

　　附《尔雅·释天》、《史记·天官书》及《汉书·天文志》、《淮南子·天文训》所列十"岁阳"和十二"岁阴"名于下：

十天干	甲	乙	丙	丁	戊	己	庚	辛	壬	癸
《尔雅·释天》十岁阳	阏逢	旃蒙	柔兆	强圉	著雍	屠维	上章	重光	玄黓	昭阳
《史记·天官书》十岁阳	焉逢	端蒙	游兆	疆梧	徒维	祝犁	商横	昭阳	横艾	尚章

十二地支	子	丑	寅	卯	辰	巳	午	未	申	酉	戌	亥
《尔雅·释天》十二岁阴	困敦	赤奋若	摄提格	单阏	执徐	大荒落	敦牂	协洽	涒滩	作噩	阉茂	大渊献
《史记·天官书》十二岁阴	困敦	赤奋若	摄提格	单阏	执徐	大荒落	敦牂	协洽	涒滩	作噩	淹茂	大渊献
《汉书·天文志》十二太阴	困敦	赤奋若	摄提格	单阏	执徐	大荒落	敦牂	协洽	涒滩	作詻	掩茂	大渊献
《淮南子·天文训》十二太阴	困顿	赤奋若	摄提格	单阏	执徐	大荒落	敦牂	协洽	涒滩	作鄂	阉茂	大渊献

（五）十二生肖纪年法

民间用十二种动物（鼠、牛、虎、兔、龙、蛇、马、羊、猴、鸡、犬、猪）来代替十二地支，并据以纪年的方法，叫十二生肖纪年法。如某某属鼠，某某属牛，某某属虎，某某属兔，某某属龙……这种用十二属相来记述生年的方法，在中国民间是普遍施行的。这实质上是一种地支纪年法，亦是太岁纪年法的一个变种。这十二生肖的歌诀是：

子鼠丑牛寅属虎，卯兔辰龙巳属蛇，午马未羊申属猴，酉鸡戌犬亥属猪。

十二生肖纪年法不仅在汉族地区普遍流传，在各民族地区也广为流传。只是由于地理环境或生活习惯上的不同。在有些地方，十二生肖属相略有所别。如云南傣族用"象"代替"猪"，用"蛟"（大蛇）代替"龙"；哀牢山的彝族用"穿山甲"代替"龙"；新疆的维吾尔族用"鱼"代替"龙"……细究起来，这种替代也仍有一定的内在联系。比如在古代，人们也常常是把蛟龙或鱼龙等一起连用的（如苏东坡的词句"一夜鱼龙舞"便是例子）。

藏族纪年用十二生肖法并配以阴阳五行（金木水火土）组成十天干，构成一种独具特色的"六十甲子"循环纪年法。十天干与五行相配是：

甲——阳木；乙——阴木；

丙——阳火；丁——阴火；

戊——阳土；己——阴土；

庚——阳金；辛——阴金；

壬——阳水；癸——阴水。

甲子年则称阳木鼠年，乙丑年则称阴木牛年，丙寅年则称阳火虎年，丁卯年则称阴火兔年……余此类推。

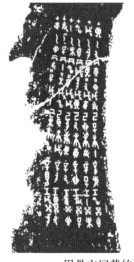

甲骨文记载的干支表

关于干支与公元纪年的相互换算

  干支纪年是我国纪年的一种古法，从七八千年以前的伏羲女娲时代就已开始施行了。如《鸿史·帝王统记》："伏羲代燧人氏继天而王，元年癸酉。""伏羲氏殁，女娲氏作元年戊辰。"《通鉴外纪》："包牺氏（伏羲氏）殁，女娲氏作元年辛未。""帝临魁元年辛巳""帝承元年辛巳""帝明元年丁亥""帝直元年丙子""帝釐一曰克，元年辛酉""帝哀元年己酉""帝榆罔元年壬辰"……周考王十四年（公元前427年）施行的"四分历"（保存于司马迁《史记》中的《历术甲子篇》）通篇纪年（从太初元年至77年）全是用的干支别名。"天正甲寅元""人正乙卯元"，这些都是战国以前人们的说法。清代学者王引之作《太岁考》更是列举了西汉诏文及文人手笔，说明西汉以前，使用干支纪年已历历不紊。

  学习中国历史，接触文献古籍，经常会碰到干支纪年问题。远的不说，就拿中国近代史来说吧，其中就有"庚子赔款"、"辛酉政变"、"甲申政变"以及"甲午战争"、"戊戌变法"、"辛丑条约"和"辛亥革命"等。由于干支纪年是六十年一轮回，不像公元纪年那样具有无穷的前后不断的延续性，因此，为了计算和叙述上的方便，并使人们对那些用干支纪年法记载的历史事件或史实有一个准确而系统的纵的时间概念，我们很有必要将干支纪年换算为公元纪年。同时，为着某种特殊需要（特别是在将中外历史或文献古籍中的某些重大事件或史实，进行对照和比较研究时），有时则要将公元纪年换算为干支纪年。这样，关于干支纪年与公元纪年的相互换算，就成了人们，特别是文史古籍工作者应该掌握的一种常识。

要对干支纪年与公元纪年进行换算，首先要掌握"一甲数次表"（如下）：

一甲数次表

0 甲子	10 甲戌	20 甲申	30 甲午	40 甲辰	50 甲寅
1 乙丑	11 乙亥	21 乙酉	31 乙未	41 乙巳	51 乙卯
2 丙寅	12 丙子	22 丙戌	32 丙申	42 丙午	52 丙辰
3 丁卯	13 丁丑	23 丁亥	33 丁酉	43 丁未	53 丁巳
4 戊辰	14 戊寅	24 戊子	34 戊戌	44 戊申	54 戊午
5 己巳	15 己卯	25 己丑	35 己亥	45 己酉	55 己未
6 庚午	16 庚辰	26 庚寅	36 庚子	46 庚戌	56 庚申
7 辛未	17 辛巳	27 辛卯	37 辛丑	47 辛亥	57 辛酉
8 壬申	18 壬午	28 壬辰	38 壬寅	48 壬子	58 壬戌
9 癸酉	19 癸未	29 癸巳	39 癸卯	49 癸丑	59 癸亥

（注：《一甲数次表》中，甲子的干支数次是"0"而不是"1"。这是因为我国最早的历法（《史记·历术甲子篇》所保存的）所记载的太初历元的朔日甲子与冬至甲子日是用"无大余"来表示的。"无大余"就是"0"。我们说

子丑寅卯……十二时，起于子，"子正"是深夜零点就是这个道理。关于这个问题，我们在介绍四分历及其推算时，还将谈到。"甲子"的数次是"0"，"乙丑"的数次自然是"1"了……）

其次要选定任何一个已知其干支和公元的年为标准年，比如我们所熟知的"天正甲寅元"，是周考王十四年（公元前427年）所施行的四分历的"历元近距"。我们就可以选定公元前427年甲寅这年为标准年来进行换算；也可以选定"人正乙卯元"的"历元近距"即公元前366年乙卯为标准年来进行换算；也可以选我们今人所熟知的，如1911年辛亥为标准年来进行换算……

一、已知某年的公元纪年求该年的干支

知道某年的公元数，求它的干支纪年，可分为公元前和公元后两种情形来推算：

1. 推算公元前某年的干支

设：公元前某年为x，求x年的干支。我们以公元前427年甲寅为标准年

查《一甲数次表》得知"甲寅"的干支数次是"50"

x年相距我们已知的标准年——公元前427年多少年呢？得数是x—427；因为"六十甲子一轮回"，所以（x—427）÷60＝商数……余数（商到整数为止）。商数就是"轮回"的甲子（干支）数；余数就是x年与甲寅的干支数次"50"的相距之数。这样，50减去这个余数，就得到了x年的干支数

次。然后查《一甲数次表》，便得x年的干支。

根据以上分析，我们可以归纳成下面的公式：

公元前x年的干支数次=标准年的干支数次50－〔（x－标准年427）÷60〕所得之余数（商到整数为止）

例（1）　推公元前1106年（武王克商之年）的干支：

（1106－427）÷60＝11……19（商到整数为止）

50－19＝31

查《一甲数次表》："31"为乙未的干支数次

即公元前1106年的干支是乙未

例（2）　推公元前343年的干支：

（343－427）÷60＝－1……－24（商到整数为止）

50－（－24）＝74

满一甲减60，为：

74－60＝14

查《一甲数次表》："14"为戊寅的干支数次

即公元前343年的干支是戊寅

2. 推算公元后某年的干支

设：公元后某年为x，求x年的干支

道理同推公元前某年的干支一样，只是由于推公元前某年是逆推，而推公元后某年是顺推，故公元后某年x同公元前427年之间的距离应该相加，并且从数学计算上说，公元前1年和公元后1年，相距是2年〔1－（－1）＝2〕，但实际上只是相差1年。因为从公元前1年到公元后1年（公元1年），中间没有"0"年。这样，我们在进行计算时应该减去"1"才符合实际，其公式是：

公元后x年的干支数次＝50＋〔（x＋427）÷60〕所得之

余数－1（商到整数为止）

例（1） 推公元1911年的干支：

（1911＋427）÷60＝39……58（商到整数为止）

50＋58－1＝107 满一甲减60，为：107－60＝47

查《一甲数次表》："47"为辛亥的干支数次

即公元1911年为辛亥年

例（2） 推公元1990年的干支：

（1990＋427）÷60＝40……17（商到整数为止）

50＋17－1＝66 满一甲减60，为：66－60＝6

查《一甲数次表》："6"为庚午的干支数次

即公元1990年为庚午年

除上所述，已知公元某年而求它的干支，还可以采用下面的办法来进行推算。

因为公元1年是辛酉，公元2年是壬戌，公元3年是癸亥，公元4年是甲子。

因此，我们要求公元后某年的干支，只需将该年减去"4"，然后除以一甲（60）之数（商到整数为止），其所剩的余数就是公元后某年的干支数次。

其公式是：（x－4）÷60＝商数……余数（商到整数为止）。余数即为x年的干支数次。

例（1） 推公元1894年的干支：

（1894－4）÷60＝31……30（商到整数为止）

查《一甲数次表》："30"为甲午的干支数次

即公元1894年为甲午年

例（2） 推1988年的干支：

（1988－4）÷60＝33……4（商到整数为止）

查《一甲数次表》："4"是戊辰的干支数次

即公元1988年为戊辰年

同理，推公元前某年是逆推，从公元1年到公元前1年只隔1年，故其公式应为：

60－〔（x+3）÷60〕所得之余数（商到整数为止），其所得之差即为公元前x年的干支数次。

例（1） 推公元前427年的干支：

（427＋3）÷60＝7……10（商到整数为止）

60－10＝50

查《一甲数次表》："50"为甲寅的干支数次

即公元前427年为甲寅年

例（2） 推公元前343年的干支：

（343＋3）÷60＝5……46（商到整数为止）

60－46＝14

查《一甲数次表》："14"为戊寅的干支数次

即公元前343年为戊寅年

二、已知某年的干支，求该年的公元纪年

已知某年的干支，求该年的公元纪年是多少年，同已知公元纪年而求其干支纪年一样，先要选定一个已知其干支和公元的年作为标准年，然后以它为基点来进行推算。

例如：我们已知1990年的干支是庚午，求戊辰是公元多少年？

查《一甲数次表》得知戊辰的干支数次是4，庚午的干支数次是6，它们的差数是2，即4－6＝－2

这就是说戊辰比1990年（庚午）要早2年

1990＋（－2）＝1988

即戊辰是公元1988年的干支

因为"六十甲子"一轮回，1988年是戊辰年，那么比它早60年、120年、180年……或比它晚60年、120年、180年……的那些年，即1928年、1868年、1808年……或2048年、2108年、2168年……也都是戊辰年。

又如：我们已知公元前427年的干支是甲寅，求乙卯是公元前多少年？

查《一甲数次表》得知乙卯的干支数次是51；甲寅的干支数次是50，它们的差数是1，即：

51－50＝1

427－1＝426

因推公元前的公元纪年是逆推，故应相减，即乙卯是公元前426年的干支。

因为"六十甲子"一轮回，公元前426年是乙卯年，那么比它早60年、120年、180年……或比它晚60年、120年、180年……的那些年，即公元前486年、公元前546前、公元前606年……或公元前366年、公元前306年、公元前246年……也都是乙卯年。

这样我们就可以归纳成一个公式：

所求公元纪年＝标准年±①（所求之年的干支数次－标准年的干支数次）±②60n（注：①标准年是公元前的用"－"；标准年是公元后的用"＋"。②求标准年前的公元纪年用"－"；求标准年后的公元纪年用"＋"。标准年是公元前的反是。"n"是"六十甲子一轮回"的轮回数次。倘标准年是公元前的而求公元后的纪年时，则应减"1"）。

例（1）　伟大的爱国诗人屈原自述生于"摄提格"寅年（《离骚》："摄提贞于孟陬兮，惟庚寅吾以降。"），东汉王逸等人考订是戊寅。据《史记》等记载：屈原在楚怀王时期曾任"左徒"之职，那么屈原所生之戊寅是公元前哪一年呢？我们试以公元前427年甲寅为标准年，用上面的公式来推算之：查《一甲数次表》：所求戊寅之年的干支数次是"14"；已知标准年公元前427年甲寅的干支数次是"50"。

427－（14－50）－60n＝463－60n

（注：①标准年（公元前427年）是公元前的，用"－"。②所求公元纪年为公元前的，故用"－"。）

若n＝1，则所求之年是公元前403年；若n＝2，则所求之年是公元前343年；若n＝3，则所求之年是公元前283年

……

因屈原在楚怀王时期曾任"左徒"之职，而楚怀王在公元前290年左右就去世了。据此屈原只可能生于公元前343年的戊寅，而不可能是公元前403年或公元前283年的戊寅（因为公元前283年楚怀王早已去世；公元前403年则离楚怀王去世尚早一百一十余年，而屈原在楚怀王去世之后还健在，他不可能有那么长的寿命，竟能活到百二三十岁）。

例（2）　孙中山先生领导的辛亥革命发生在公元哪一年？

为了使推算程序尽可能简化一点，我们采用华罗庚的优选法原则，在选定标准年时，尽量选用同所求之年的年代相去较近的已知年（既知该年的公元纪年，也知该年的干支）为标准年。如我们已知公元1990年是庚午年，我们就以公元

1990年庚午为标准年来进行推算。

查《一甲数次表》得知辛亥的干支数次是"47"，庚午的干支数次是"6"。

因标准年是公元后的，且所求之年为标准年前的，故根据公式，应为：1990＋（47－6）－60n＝2031－60n

若n＝1，则所求之年是公元1971年；若n＝2，则所求之年是公元1911年；若n＝3，则所求之年是公元1851年。

因为辛亥革命是孙中山先生领导的国民革命，孙中山先生是19世纪20年代去世的。据此，我们断定辛亥革命只能是公元1911年，不可能是公元1971年或1851年（因为公元1851年离孙中山去世时早八十余年，而孙中山先生本人只活了五十余岁。也就是说公元1851年孙中山先生尚未出世）。

如果选用公元前427年甲寅作标准年，则计算应为：

查《一甲数次表》得知辛亥的干支数次是"47"；甲寅的干支数次是"50"。

427－（47－50）－60n－1＝430－60n－1

若n＝38，则所求之年是公元前1851年；若n＝39，则所求之年是公元前1911年；若n＝40，则所求之年是公元前1971年……

关于干支与公元纪年的相互换算，除了上面介绍的方法以外，我们还可以利用万国鼎先生在《中国历史纪年表》中所载的公元甲子检查表（公元前甲子检查表和公元后甲子检查表）来进行查检。这个查检法，对已知某年的公元纪年而要查检该年的干支来说，倒还容易，然而倒过来，已知某年的干支而要检出该年的公元纪年却是比较费劲了。再则，要记住这个表（倘不随身携带的话）并做到运用自如，在查检中不出差错，也并非一件太容易的事。此外，万国鼎先生编的这个检表法，只管到公元前后两千余年（公元前后三千年以内者），要查检更远的公元纪年的干支就无法了，而我们提出的上述推算法则无有穷尽，运用起来也很方便。因此，两相比较，窃自认为还是推算法好。

附：万国鼎先生《公元甲子检查表》

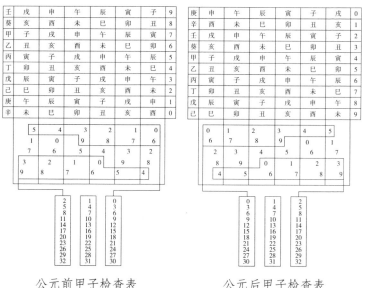

公元前甲子检查表　　　　　公元后甲子检查表

古代纪月法

我国古代纪月法，从甲骨全文中可以看出，最早是以数序从一到十二来记月份的（闰月记在岁末，为十三月）。如：

《令方彝》铭文："隹八月辰在甲申，……隹十月月吉癸未。"

《商尊》："隹五月辰在丁亥。"

《员鼎》："隹正月既望，癸酉。"

《大鼎》："隹十又五年三月，既死霸，丁亥。"

《师询敦》："隹元年二月既望，庚寅。"

《庚赢鼎》："隹二十又二年四月既望，己酉。"

《御正良爵》："隹四月既望，丁亥。"

《望敦》："隹王十又三年六月初吉，戊戌。"

《伯克壶》："隹十又六年七月，既生霸，乙未。"

《昔曹鼎》："隹十又五年五月，既生霸，壬午。"

《分甲盘》："隹五年三月，既死霸，庚寅。"

《克盨》："隹十又八年十又二月初吉，庚寅。"

《牧敦》："隹王七年十又三月，既生霸，甲寅。"

《颂鼎》："隹三年五月，既死霸，甲戌。"

《高攸从鼎》："隹三十又一年三月初吉，壬辰。"

……

我国几千年的文明史，主要都是用数序纪月。春秋时代星历家们根据北斗柄所指方位，创制了十二地支纪月法。十二地支纪月以天象为依据，同以十二辰纪年一样，古人将地平圈分为子、丑、寅、卯、辰、巳、午、未、申、酉、戌、亥十二等份（十二辰），由东向西以"正北"的"子"为起点（此时"夜半"中天的天象是"牵牛初度"）。当北斗柄初昏时候指向某个方位时，就称该月为某月。如，当北斗柄初（酉时）指向地平圈的"子"位时，这月就叫子月；指向"丑"位时，这月就叫丑月；指向"寅"位时，这月就叫寅月；指向"卯"位时，这月就叫卯月……这就是古代所谓的"斗建"。周正建子（周历以子月为正月）、殷正建丑（殷历以丑月为正月）、夏正建寅（夏历以寅月为正月）、颛顼历建亥（以亥月为正月）就是根据这个来定的。

十二地支纪月以冬至所在的子月（此月初昏"斗柄悬在下"，"正北"；夜半"牵牛初度，冬至"，即北斗柄初昏指向正北方向，亦即地平圈的"子"位）为一岁之首，依次斗柄指"丑"、指"寅"、指"卯"……直到指"亥"为终，一共十二个月。这就是所谓建子为正的周历（夏历为十一月）。

《淮南子·时则训》，"孟春之月招摇（即北斗柄）指寅""仲春之月招摇指卯""季春之月招摇指辰""孟夏之月招摇指巳""仲夏之月招摇指午""季夏之月招摇指未""孟秋之月招摇指申""仲秋之月招摇指酉""季秋之月招摇指戌""孟冬之月招摇指亥""仲冬之月招摇指子""季冬之月招摇指丑"就是凭斗柄所指方位而定月份，即"斗建"的实证。它所纪的是人们所称的"建寅为正"的夏历。此外，殷历以丑月（夏历十二月）为正月，故称"丑正"，颛顼历以亥月（夏历十月）为正月，故称"亥正"。秦始皇至西汉初期汉武帝太初元年（公元前104年）改历以前，用的就是这个"建亥为正"的历法（殷历、周历、颛顼历实则一样，只是月建不同而已）。

古代占卜家，出于其职业性的需要（如算八字），他们将十二地支纪月配上十天干——甲乙丙丁戊己庚辛壬癸，使十二地支纪月法变为了干支纪月法。这种干支纪月法，可据《五虎遁》：

> 甲年和己年正月的干支为丙寅；
>
> 乙年和庚年正月的干支为戊寅；
>
> 丙年和辛年正月的干支为庚寅；
>
> 丁年和壬年正月的干支为壬寅；
>
> 戊年和癸年正月的干支为甲寅。

排出一年十二个月的干支名称。如1992年的干支为壬申，即壬年，其正月的干支即为壬寅，二月为癸卯，三月为甲辰，四月为乙巳，五月为丙午，六月为丁未，七月为戊申，八月为己酉，九月为庚戌，十月为辛亥，十一月为壬子，十二月为癸丑。

这种干支纪月法，仅为占卜家们所采用，实无科学价值，所以人们一般都不用它。

古人除用数序和十二地支及干支纪月外，在汉代还有用岁星纪年所创立的十二宫（次）的名目，即用"星纪""玄枵""娵訾""降娄""大梁""实沉""鹑首""鹑火""鹑尾""寿星""大火""析木"来纪月的。如《汉书·律历志》中的《次度》：

星纪，初，斗十二度，大雪；中，牵牛初，冬至（于夏为十一月，商为十二月，周为正月），终于婺女七度。

玄枵，初，婺女八度，小寒；中，危初，大寒（于夏为十二月，商为正月，周为二月），终于危十五度。

陬訾，初，危十六度，立春；中，营室十四度，惊蛰（今日雨水，于夏为正月，商为二月，周为三月），终于奎四度。

降娄，初，奎五度，雨水（今日惊蛰）；中，娄四度，春分（于夏为二月，商为三月，周为四月），终于胃六度。……

用的就是岁星纪年十二宫（次）名目来纪月的。

此外，古人纪月还用别名，如《诗经·小雅·小明》："昔我往矣，日月方除。"郑笺："四月为除。"《国语·越语》："至于玄月，王召范蠡而问焉。"玄月指九月（九月万物毕尽，阴气侵寒，其色皆黑，故称玄月）。韩鄂《岁华纪丽》卷一："位正元阳，气和端月。"元阳、端月皆指正月……《尔雅·释天·月名》："正月为陬、二月为如、三月为寎、四月为余、五月为皋、六月为且、七月为相、八月为壮、九月为玄、十月为阳、十一月为辜、十二月为涂。"1934年湖南长沙子弹库出土的楚帛书所载的十二月名，可谓与《尔雅》相符，其十二月名依次为："取（陬）、女（如）、秉（寎）、余（佘）、欥（皋）、䫻（且）、仓（相）、臧（壮）、玄、易（阳）、姑（辜）、荼（涂）。"可见其由来久矣。《尔雅·释天·月阳》又云："月在甲曰毕、在乙曰橘、在丙曰修、在丁曰圉、在戊曰厉、在己曰则、在庚曰窒、在辛曰塞、在壬曰终、在癸曰极。"如《史记·历术甲子篇》就是这样记载的："太初元年，岁名焉逢摄提格，月名毕聚，日得甲子……"（月名毕聚，即该月为甲子月。聚为陬义，即始的意思。古人十二地支纪月始于子）而孟春为一月，仲春为二月，季春为三月，孟夏为四月，仲夏为五月，季夏为六月，孟秋为七月，仲秋为八月，季秋为九月，孟冬为十月，仲冬为十一月，季冬为十二月，则更是为人们所熟知的常识。

除了以上这些，古人纪月还有其他种种别名。有用十二音律太簇、夹钟、姑洗、仲吕、蕤宾、林钟、夷则、南吕、无射、应钟、黄钟、大吕代以纪月的（如《淮南子·时则训》："孟春之月……其音角，律中太簇。""仲春之月……其音角，律中夹钟。""季春之月……其音角，律中姑洗。""孟夏之月……其音徵，律中仲吕。""仲夏之月……其音徵，律中蕤宾。""季夏之月……其音宫，律中百钟。"（百钟即林钟）"孟秋之月……其音商，律中夷则。""仲秋之月……其音商，律中南吕。""季秋之月……其音商，律中无射。""孟冬之月……其音羽，律中应钟。""仲冬之月……其音羽，律中黄钟。""季冬之月……其音羽，律中大吕。"）有用花木名称代以纪月的，如二月为杏月、三月为桃月、四月为槐序、五月为蒲月（或蒲节）、六月为荷月、七月为兰月（或兰秋）、八月为桂月、九月为菊月（或菊序）、十一月为葭月……以及正月为开春（开岁或发春，如《招魂》："献岁发春兮，汨吾南征。"《九章·思美人》："开春发岁兮，白日出之悠悠。"《史记·冯衍传》："开岁发春兮，百卉含英。"）、二月为酣春（如李贺诗："劳劳莺燕怨酣春。"）、三月为杪春、四月为麦候（麦秋或清和，如《礼记·月令》："孟夏麦秋至。"谢朓诗："麦候如清和，凉雨散炎燠。"）、五月为小刑（《淮南子·天文训》："阴生于午，故五月为小刑。"）、六月为溽暑（或徂暑或且，如《礼记·月令》："土润溽暑，大雨时行。"谢惠连诗："溽暑扇温飙。"《诗经·小雅·四月》："四月维夏，六月徂暑。"）、七月为开秋（早秋、新秋、初秋或上秋）、八月为仲商、九月为青女（或三秋，如《淮南子·天文训》："至秋三月，青女乃出，以降霜雪。"）、十月为良月（或朽月，如《左传·庄公十六年》："使以十月入曰良月也，就盈数焉。"《礼记·月令》："孟冬之月，其味咸，其臭朽。"）、十一月为畅月（《礼记·月令》："仲冬之月命之畅月。"）、十二月为腊月（或暮节、暮冬、晚冬、残冬、杪冬）等。

现将古人纪月所用名称列表于下。有了这个表，我们阅读古代文学和历史典籍查对月份就方便多了。

数字纪月	一月（正）	二月	三月	四月	五月	六月	七月	八月	九月	十月	十一月	十二月
十二地支纪月	寅	卯	辰	巳	午	未	申	酉	戌	亥	子	丑
岁星十二宫次名目纪月	娵訾	降娄	大梁	实沉	鹑首	鹑火	鹑尾	寿星	大火	析木	星纪	玄枵
十二音律纪月	太簇	夹钟	姑洗	仲吕	蕤宾	林钟	夷则	南吕	无射	应钟	黄钟	大吕
专名	陬	如	寎	余	皋	且	相	壮	玄	阳	辜	涂
花木名称纪月		杏月	桃月	槐序	蒲月 蒲节 榴月 葡月	荷月	兰月 兰秋 桐月	桂月	菊月 菊序		葭月	
四季名称纪月	孟春 首春 元阳 正阳 孟阳 首阳 初月 嘉月 泰岁 开岁 肇岁 首岁 正岁 端月	仲春 酣春 仲阳 丽月 令月 大壮	季春 晚春 杪春 暮春 蚕月 樱月	孟夏 麦候 麦秋 清和 乾月	仲夏 端阳 忙月 小刑 郁蒸	季夏 精阳 暑月 伏月 溽暑 徂暑	孟秋 首秋 肇秋 新秋 开秋 早秋 巧月 霜月 否月 瓜月	仲秋 中秋 正秋 桂秋 仲商	季秋 暮秋 霜序 凉秋 杪秋 剥月 青女月	孟冬 小春 上冬 开冬 初冬 小阳春 良月 杪月	仲冬 冬月 复月 畅月 龙潜月	季冬 末月 杪冬 严冬 暮冬 岁杪 冰月 严月 腊月 临月 嘉平 清祀

续表

数序纪月	一月（正）	二月	三月	四月	五月	六月	七月	八月	九月	十月	十一月	十二月
干支纪月法	甲年和己年的正月为丙寅 乙年和庚年的正月为戊寅 丙年和辛年的正月为庚寅 丁年和壬年的正月为壬寅 戊年和癸年的正月为甲寅											

古代纪日法

　　日是最基本的时间计量单位，也是最重要的时间计量单位。只有明确地建立了日的概念，安排年、月才有可能，制历才有基础。日是有长度的时段，有起止时刻。日与日之间有个分界点。往古先民，他们是从太阳的东升西落这种生活中的恒常现象来建立起日的概念的。"日出而作，日入而息。"初民最早是把一白昼当成一日的，后来才将昼夜连起来计算，称一昼夜为一日。

　　《史记·天官书》："用昏建者杓"（杓指北斗柄的摇光），"夜半建者衡"（衡指北斗柄的玉衡），"平旦建者魁"（魁指斗身的天枢）。它讲的是上古观测北斗星以"建四时""移节度""定季节"的三种不同的观测系统。这三种不同的观测系统所选取的观测时刻：黄昏、夜半、平旦，可以看成是先民对日与日的分界点（如相传为尧时的歌谣《击壤歌》："日出（平旦）而作，日入（黄昏）而息。"相传宁戚欲干齐桓公而作的《饭牛歌》："从昏饭牛薄夜半，长夜漫漫何时旦？"……）。从《史记·历术甲子篇》（"太初元年，岁名焉逢摄提格，月名毕聚，日得甲子，夜半朔旦冬至。"）等典籍记载，可以断定我国很早就已将"夜半"作为日的起迄点了。"夜半"就是深夜零点整，以它作为一日的计算起点，世界一律至今不废！以"夜半"划分日期，必须有较精确的计时器。古代最早的计时器是漏壶。

　　只要用漏壶测出相连两天的"日中"之间的时间长度，

取其半就能得到较准确的"夜半"时刻（一日的起迄点）。而"日中"时刻，古代是用圭表测景（影）来取得的。据考古证实，我国在周公时代早已建有测景台，圭表测景法早在春秋以前就已经很精密了（见《周礼·地官大司徒》《周礼·夏官壶氏》等）。

有了正确的日的概念，古人用什么方法纪日呢？在没有文字以前，最原始的办法，我们可以从中华人民共和国成立前夕云南独龙族所用的结绳纪日法和阿佤族所使用的刻竹法来推断（其实质是一种数目纪日法）。当文字产生之后，纪日法就简单方便多了。从出土文物和文献资料来看，我国殷商以前就早已使用干支纪日了。甲骨卜辞："己巳卜，庚雨。""乙卯卜，翌丙雨。""己亥贞庚子俎于豪，羌州、十牢。""丁亥穀卜贞翌庚子王涉归。"……我国考古工作者不仅已多次发现殷商甲骨有完整的六十干支纪日骨片，而且还发现有长达五百多天的日数累计。

干支纪日法是我国古代历法的核心之一。因为我国古历的任何日期（包括二十四节气和朔望月）全都是用干支来记载的，而要掌握古代历法的基本知识，就必须懂得干支纪日及其推算。如：

西周铭器《虢季子白盘》铭文"隹十又二年正月初吉丁亥，虢季子白作宝盘。丕显子白，壮武于戎工，经维四方，薄伐猃狁，于洛之阳。斩首五百，执讯五十，是以先行。桓桓子白，献馘于王。王孔嘉子白义。王格周庙，宣榭爰乡。王曰伯父，孔显有光。王赐乘马，是用佐王；赐用弓，彤矢其央；赐用钺，用政蛮方。子子孙孙，万年无疆。"

《夸甲盘》铭文："佳五年三月，既死霸，庚寅，
王初各（略）伐。"

《无异殷》铭文，"佳十又三年正月初吉，壬寅，
王征南夷。"

《尚书·周书·泰誓》："惟十有一年武王伐殷，
一月戊午师渡孟津，作泰誓三篇。惟十有三年春大会于
孟津……惟戊午，王次于河朔，群后以师毕会，王乃徇
师而誓……"

《武成》："武王伐殷，往伐归兽，识其政事，作
武成。武成，惟一月壬辰旁死魄，越翌日癸巳，王朝步
自周，于征伐商。厥四月哉生明，王来自商至于丰，乃
偃武修文……丁未祀于周庙，邦甸候卫……越三日庚戌
柴望，大告武成。既生魄，庶邦冢君，暨百工，受命于
周……既戊午师逾孟津，癸亥陈于商郊，俟天休命，甲
子昧爽，受率其旅若林，会于牧野……"

《左传·隐公》："三年春王二月己巳，日有食
之。三月庚戌天王崩。夏四月辛卯，君氏卒。秋，武氏
子来求赙。八月庚辰，宋公和卒。冬十月二日，齐侯郑
伯盟于石门。癸未葬宋穆公。"

《汉书·高帝纪》："十二年，夏四月甲辰，帝崩于
长乐富……丁未发丧，大赦天下。五月丙寅葬长陵。"

……

这些干支纪日的记载，重要文献中比比皆是。据已知文
献资料证明：从鲁隐公三年（公元前722年）二月己巳日至

今，我国干支纪日从未间断。这是人类社会迄今所知的唯一最长的纪日法。

干支纪日对于历史学、考古文献学、科技史的研究，均有极为重要的意义。如上所说，我国浩如烟海的数千年的历史典籍、大量的珍贵史料和重要的历史事件，全赖于干支纪日的行用而有条不紊地留传下来。如果没有干支纪日，史迹的推算就会失去时间脉络，众多的原始珍宝就会成为一堆杂乱无章的文字"乱麻"。

干支纪日法至今还有它一定的作用。有些历日还必须用干支来推求。如三伏、社日的计算。《幼学故事》云："冬至百六是清明，立春五戊为春社。寒食节是清明前一日，初伏日是夏至第三庚。"注："立秋后戊为秋社。夏至后四庚为中伏，立秋后逢庚为末伏。"这就是逢戊记社，逢庚记伏。另外，我国西南一些地方至今赶场仍以干支纪日。它主要是用十二生肖来替代十二地支而称场名为牛场、马场、羊场、鸡场、狗场、猴场、龙场、猫场、兔场……逢丑（牛）日赶场的集镇称牛场，逢寅（寅）日赶场的集镇称猫场，逢卯（兔）日赶场的集镇称兔场，逢申（猴）日赶场的集镇称猴场……又如贵州镇远侗族的婚礼，一般定在每年阴历十月的辛卯和癸卯两日举行。干支纪日的局限性是明显的。因为"六十甲子一轮回"，即六十个干支序数一周期轮回不断，如果不知道某月的朔日干支，就无法明确该月的干支与该月日数序次的对应关系。因此，在阅读古籍遇到有干支纪日的情况时，我们还必须学会掌握一套朔日干支的推算及其干支与日序的对应换算技术，方能真正解决其文献记载的具体时间问题，如《左传·隐公》："三年，春王二月己巳，日有食之。三月庚戌天王（周平王）崩。"我们只有先推算出"春王二月"和"三月"的朔日干支之后，才能明白隐公三年二月"日食"发生的具体时间以及周平王去世的具体日期。

如果要弄清某个干支的该月序次（该月第几日），首先要知道该月的朔日干支。这除了学会推朔外，可查陈垣先生的《二十史朔闰表》。关于推朔（推算每月的朔日干支）问题，我们将在谈四分历术的推算时予以介绍。

现在，倘若我们已知某月的朔日干支，而要知道该月任何一个干支（x）的日序次，应如何求得？我们可用一个简单的公式，即：

该月x干支的日序次＝x干支数次－该月的朔日干支数次－1

例如：我们已知某月的朔日干支是乙丑，求丙戌是该月的哪一天？

查《一甲数次表》得知：乙丑的干支数次是"1"，丙戌的干支数次是"22"

则22－1＋1＝22

即丙戌是该月二十二日

反过来，倘若我们已知某月的朔日干支，而要知道该月任何一天（x日）的干支，应如何求得？也可用一个公式，即：

该月任何一天的干支数次＝x日数次数+朔日的干支数次－1

例如：我们已知某月的朔日干支是庚午，而求该月二十四日的干支？

查《一甲数次表》得知：庚午的干支数次是"6"

则该月二十四日的干支数次＝24＋6－1＝29

查《一甲数次表》得知：29是癸巳的干支数次

即该月二十四日的干支是癸巳

倘若已知某月的朔日干支，而求它下一个月的朔日干支，如何求得？有两种办法：

（1）在某月的朔日干支数次上加上该月的天数（大月加30，小月加29），若满一甲则减去60，所得余数即为下一个月的朔日干支数次。

例如：已知某月大，其朔日干支是甲辰（查《一甲数次表》得知甲辰的干支数次是40），则下月的朔日干支数次是：

40＋30＝70 满一甲减60，为70－60＝10

查《一甲数次表》得知：10为甲戌的干支数次

即下月的朔日干支是甲戌

（2）根据"六十甲子一轮回"的原则，倘每月的天数均为30天（无大小月之分），则从上一个月的朔日到下一个月的朔日，刚好是三对干，三对冲（一甲60天，共六个干，六对冲，即子午相冲、丑未相冲、寅申相冲、卯酉相冲、辰戌相冲、巳亥相冲）。据此，我们可以断定：倘某月为大月（30天），那么它下一个月的朔日干支则是：干不变，冲用冲。例如：某月大（30天），其朔日干支是甲辰，则它下一个月的朔日干支是"干不变"（为"甲"），"支用冲"（为"戌"，辰戌相冲），即甲戌。

倘某月为小月（29天），那么它下一个月的朔日干支，应是干不变，支用冲然后提前一天。例如：某月小（29天），其朔日干支是丙子，则它下一个月的朔日干支，应是

"干不变"（为"丙"），"支用冲"（为"午"，子午相冲），即丙午，"然后提前一天"，当为乙巳。

除了干支纪日法，古代还有数序纪日法。如1972年山东临沂出土的汉武帝七年（元光元年）的历谱竹简。这个由30根竹简组成的历谱，竹简头上标有1~30的数字，一简一个数字。从每根竹简上面记载的月的干支日名来对照，这些数字显然是该月各日的序数。自那以后，凡出土的汉武帝以来的历谱均记有月的各日之序次数字。尽管数序纪日法，用起来甚为方便，但历代史官的记载仍然主要采用干支纪日法。

古代纪时法

　　古人所说的时，一般有两个不同的概念，一是指小于年而大于月的"四时"或季节与时令。《说文》云："时，四时也。"指的就是一年的春夏秋冬四季。《春秋经传》记事，多如此记载：文公十六年"春，王正月及齐平"，"夏，五月，公四不视朔"，"秋，八月辛未，声姜薨"，"冬，十一月甲寅，宋昭公将田孟诸"。《汉书·惠帝纪》："七年春，正月辛丑朔，日有蚀之。夏，五月丁卯，日有蚀之既（师古曰："既，尽也。"）。秋，八月戊寅帝崩于未央宫，九月辛丑葬安陵。"其中的"春""夏""秋"……指的也是四季；而《孟子》"斧斤以时入山林"的"时"，指的便是时令季节了。

　　"时"的第二个概念是指比日小的时间单位，即时辰、时刻之类。

　　前面已经说过，我国最早的报时方法就是观测太阳的位置变化，即凭借太阳投影位置和长短变化而建立的立竿或圭表测影来确定的。表的用途颇多，除了可以用它来定方位（如《周礼·冬官·考工记》云："匠人建国，水地以县，置槷以县，眡以景。"郑玄注："于所平之地，中央树八尺之臬，以县正之，眂之以其景，将以正四方也。"）、定时令（定春夏秋冬、二十四节气）外，还可以用它来计报时辰。计报时辰就是通过观测表影角度的变化，从日出、日中到日落，以定出一天之内的时间。这种"表"发展为后来的日晷。古人将地平圈从北向东向南向西，按十二地支顺序分为十二等分，定出地平方位。春分、秋分日出正东而没于正西，即出卯位没于酉位……古代的"子丑寅卯辰巳午未申酉戌亥"十二时辰便是这样来确定的。北京故宫太和殿前左边摆着的那个日晷，就是我国传统的赤道式日晷。这种日晷，晷面一般为石质，晷面和地球的赤道面平行，与地平面成一定角度。角度的大小随地理纬度不同而变化。北京地理纬度为40度。日晷与地面的角度即为40度。晷面中心立一根垂直于晷面的钢针。晷面周围边缘刻有子丑寅卯……十二时辰（将晷面的标准很早周分为十二等分，每个等分中又刻若干个相等的距离，如二十四节气等。放置日晷时应使晷面上的"卯—酉"线与地球赤道线平行）。这样，我们就可以凭晷面中心钢针的太阳投影所指，准确地读出一年二十四个节气的交节时间和一天的十二时辰（其作用同今天的手表一样）。

关于十二时的划分，从甲骨文材料看，殷人已将一日分为四个时段，即旦（明，大采）、午（日中）、昏（昃日）、夜（夕，小采）。随着生产力的发展以及生活阅历的不断丰富，古人在分一日为四个时段的基础上，将一日等分为十二个时辰，即：

夜半者子也。鸡鸣者丑也，平旦者寅也，日出者卯也，食时者辰也，隅中者巳也，日中者午也，日昳者未也，晡时者申也，日入者酉也，黄昏者戌也，人定者亥也。

古籍涉及时辰者不少：《击壤歌》（相传是帝尧时的古歌）：

"日出而作，日入而息。凿井而饮，耕田而食，帝力何有于我哉！"

《尚书·无逸》："自朝至日中，仄，不遑暇食。"

《尚书·牧誓》："时甲子昧爽，王朝至商郊牧野。"

《饭牛歌》（相传是宁戚欲干齐桓公而作）："南山矸，白石烂，生不逢尧与舜禅，短布单衣适至骭，从昏饭牛薄夜半，长夜漫漫何时旦？"

《诗经·郑风·女曰鸡鸣》："女曰鸡鸣，士曰昧旦。"

《列子·两小儿辩日》："及日中则如盘盂。"

《管子·弟子职》："至于食时，先生将食。"

《左传·宣公八年》："秋七月甲子，日有食之既。冬十月己丑葬我小君敬嬴，雨不克葬，庚寅日中而克葬。"

宋玉《神女赋序》："晡夕之后，精神恍忽。"

《定情篇》（相传为汉以前古歌）："与我期何所？乃期山南阳。日中兮不来，飘风吹我裳。"

汉乐府《陌上桑》："日出东南隅，照我秦氏楼。"

《淮南子·天文训》："（日）至于衡阳，是谓隅中；至于昆吾，是谓正中（即日中）。"

孔颖达《左传·昭公五年》疏："隅，谓东南隅也。过隅未中，故为隅中也。"

《史记·周本纪》："二月甲子昧爽，武王朝至商郊牧野。"

《史记·历书》："时鸡三号，卒明。"《集解》："徐广曰：'卒，一作平。'"《正义》："自平明寅至鸡鸣丑，凡十二辰。"

《史记·天官书》："（平）旦至食（时）为麦；食（时）至日昳，为稷。"

《汉书·游侠传》："诸客奔走市买，至日昳皆会。"

古诗《孔雀东南飞》："奄奄黄昏后，寂寂人定初。"

杜甫诗："荒庭日欲晡。"

……

以上例证，不仅说明我国关于十二时辰的划分由来已久，而且代代流传，不曾中断。有人说用十二时辰纪事，起于汉武帝太初改历以后，这是不符合实际的。另外《诗经·小雅·大东》曰："跂彼织女，终日七襄。虽则七襄，不成报章。"郑玄以为："从旦至暮七辰。辰一移，因谓之七襄。"郑玄讲倒了，不是从旦到暮而是指织女星从升到落，在天上走了七个时辰，这个"七襄"，也透露了西周时代分一天为十二时辰的消息。十二时辰，起于子时（夜半）。十二时辰中，以"子""卯""午""酉"四个时辰最为重要，它们与夜半、平旦（旦）、日中、黄昏（昏、暮）正相吻合。所以夜半又叫子夜，日中常称正午。

古时一个时辰，相当于今天的两小时，子时从深夜0点开始至深夜2点，丑时从深夜2点起至深夜4点，寅时从凌晨4点起至上午6点……

宋代以后，人们始将十二时辰的每个时辰平分为初、正两个部分，从子初、子正、丑初、丑正、寅初、寅正……直到亥初、亥正，"初"或"正"都等于一个时辰的二分之一。"小时"及"一天24小时"之称由此而来。

除了常见的分一日为十二时辰外，还有将昼夜各分为五个时段的，那就是"日之数十，故有十时"。《隋书·天文志》载："昼有朝、有禺、有中、有晡、有夕；夜有甲、乙、丙、丁、戊。"由此人们又称夜有五更。《颜氏家训·书证篇》解释道："或问：'一夜何故五更，更何为训？'答曰：'汉魏以来，谓为甲夜、乙夜、丙夜、丁夜、戊夜；或云一鼓、二鼓、三鼓、四鼓、五鼓；亦云一更、二更、三更、四更、五更。以五为节……所以尔者，假令正月建寅，斗柄夕则指寅，晓则指午矣。自寅至午，凡历五辰。冬夏之月虽复长短参差，然辰间阔盈不至六，缩不至四，进退常在五者之间。更，历也，经也。故曰五更尔。'"

此外，还有《淮南子·天文训》将白天分为十五个时段：晨明、朏明、旦明、蚤食、晏时、隅中、正中、小还、晡时、大还、高舂、下舂、悬车、黄昏、定昏。这是就太阳的位置"日出于旸谷，浴于咸池，拂于扶桑，是谓晨明；登于扶桑，爰始将行，是谓明；至于曲阿，至于曾泉，是谓蚤食；至于桑野，是谓晏食；至于衡阳，是谓小还；至于悲谷，是谓晡时；至于女纪，是谓大还；至于渊虞，是谓高舂；至于连石，是谓下舂；至于悲泉，爰止其女，爰息其马，是谓悬车；至于虞渊，是谓黄昏；至于蒙谷，是谓定昏"而划分的。

在古代，与十二时辰同时并行有一种刻漏计时法。这种计时法以一种特制的漏壶作为计时仪器，用箭来指示时刻，箭上刻着一条条横道，这就是刻（漏壶器类似现代的输液瓶）。《周礼·夏官·挈壶氏》："凡军事悬壶以聚欜。凡丧，悬壶以代哭者。皆以水火守之，分以日夜。"郑玄引郑司农云："悬壶以为漏，以序聚欜，以次更聚击欜备守也。"并说："击柝，两木相敲，行夜时也。代亦更也。礼，未大敛代哭。以水守壶者，为沃漏也。以火守壶者，夜则视刻数也。分以日夜者，异昼夜漏也。漏之箭昼夜共百刻，冬夏之间有长短焉。"《周礼》关于漏壶及昼夜时刻划分的记载，说明那时就已有报时的制度和专职人员了。古人规定：冬至日昼漏40刻，夜漏60刻；夏至日昼漏60刻，夜漏40刻。春分、秋分则昼夜平分，都是50刻。东汉以前，从冬至日起，每隔9日昼漏增加1刻；夏至日起，每隔9日昼漏减去1刻（《秦会要订补》卷十二历数云："至冬至，昼漏四十五刻。冬至之后，日长，九日加一刻，以至夏至，昼漏六十五刻。夏至之后，日短，九日减一刻。"秦时昼漏或夜漏时刻虽各有不同，但九日增减一刻却是一致的）。

这种百刻刻漏计时法，直到明末以前，除梁武帝时代曾实行过96刻和108刻制外，曾在我国长期施用。

关于昏旦时刻的确定，秦汉以前，大体是日出前三刻为旦，日没后三刻为昏；秦汉以后改三刻为二刻半，一直沿用到明末。

在钟表计时从西方传入以前，刻漏计时是我国的一种传统计时方法，但由于百刻制与十二时辰无整倍数关系，所以用起来不甚方便。明代末期从西方传入了96刻制。这种96刻制正好为十二时辰的八个整倍数（一个时刻为8刻，亦即4刻为1小时）。这样清初就将它定为了正式制度，并废除了百刻制。

十二地支用于纪时，民间又往往配以十天干，使之成为一种干支纪时法。

这种干支纪时法，可依据"五鼠遁"：

甲日和己日子时之干支为甲子；

乙日和庚日子时之干支为丙子；

丙日和辛日子时之干支为戊子；

丁日和壬日子时之干支为庚子；

戊日和癸日子时之干支为壬子。

排出一天十二时辰（24小时）的干支纪日表如下：

日时	甲己		乙庚		丙辛		丁壬		戊癸	
0—2	甲	子	丙	子	戊	子	庚	子	壬	子
2—4	乙	丑	丁	丑	己	丑	辛	丑	癸	丑
4—6	丙	寅	戊	寅	庚	寅	壬	寅	甲	寅
6—8	丁	卯	己	卯	辛	卯	癸	卯	乙	卯
8—10	戊	辰	庚	辰	壬	辰	甲	辰	丙	辰
10—12	己	巳	辛	巳	癸	巳	乙	巳	丁	巳
12—14	庚	午	壬	午	甲	午	丙	午	戊	午
14—16	辛	未	癸	未	乙	未	丁	未	己	未
16—18	壬	申	甲	申	丙	申	戊	申	庚	申
18—20	癸	酉	乙	酉	丁	酉	己	酉	辛	酉
20—22	甲	戌	丙	戌	戊	戌	庚	戌	壬	戌
22—24	乙	亥	丁	亥	己	亥	辛	亥	癸	亥

四分历术及其推算

　　我国有典为证的科学历法（《史记》保存的《历术甲子篇》）施行于公元前427年即周考王十四年。它是一部四分历，同时也是一部阴阳历。也就是说，它是一部以回归年岁实$365\frac{1}{4}$日为一周期和朔望月之朔实$29\frac{499}{940}$日为另一周期，以"六十甲子一轮回"纪年，并使三者相谐调合"以闰月定四时成岁"的历法。它的历元近距是"天纪甲寅元"。这就是说，它是一部取公元前427年前11月己酉夜半（甲寅年甲子月己酉日甲子时）合朔并交冬至为历元的推算起始之时的历法。"元"是始的意思，"历元"就是历的开始。古人把冬至作为一年的开始，把朔日（日月交会的一天，即今阴历初一）作为一月的开始，把夜半（子初，深夜零点整）作为一天的开始。甲子日（数次为0）则是干支纪日周期的开始。如果有甲子年甲子月甲子日甲子时合朔并交冬至，这么一个理想的时日，作为历法的推算起点，那么历法的推算就方便多了。这个理想的时刻，在客观推理上是存在的。只是因为这个理想时刻出现的时候，人类可能还没有进入真正科学的历法时代，还缺乏这方面的丰富知识与实践。那时人们还处在"观象授时"的年代，可能还未完全懂得并掌握"历"的推算。直到公元前427年（周考王十四年）以前的"前5世纪"时，人们在漫长的"观象授时"的实践基础上，找到了理想的"历元近距"和"历"的真正科学推算。

周考王十四年前子月己酉夜半（深夜零点整）正巧是冬至，又是合朔之时；但这天不是甲子日而是己酉日，因而不够格充当理想的历元。但它却已具备了"四分历术"的其他条件。所以我们称公元前427年前子月己酉夜半合朔并交冬至为历元近距。这就是董作宾所谓的殷历天纪甲寅元。根据这个历元近距及有关技术，我们不仅可以顺推或逆推所需的一切历点，而且还可以找出"四分历术"的理想"历元"，并能将它的二十蔀次全部展示出来。

《历术甲子篇》是我国的第一部见之于文字的真正的科学历法宝典，甲寅纪年，建寅为正。我国历代所传的所谓颛顼历、殷历、周历等都是它的附庸。它们纪法一样，只是建月不同，即周历建子为正（夏历十一月为正月）；殷历建丑为正（夏历十二月为正月）；颛顼历建亥为正（夏历十月为正月）。战国时期，齐鲁尊周，建子为正，即周正；三晋（韩、赵、魏）与楚建寅为正，即夏正；秦历托名颛顼，建亥为正（以夏历十月为岁首）。《春秋》《左传》《孟子》用历均是建子为正的周历。如《春秋·隐公九年》："三月癸酉，大雨震电，庚辰大雨雪。"杜预注："三月今正月。"并云："夏之正月微阳始出，未可震电，既震电又不当大雨雪，故皆为时失。"

《孟子·梁惠王上》："王知苗乎？七八之间旱，则苗槁矣！天油然作云，沛然下雨，则苗勃然兴之矣。"（《孟子》所说的七、八月，正是夏历的五、六月。这时正是禾苗需要雨水的季节，却遇上了干旱，因此禾苗枯萎。倘《孟子》用的是夏历，则七八月间，稻子已经成熟，干旱也就不是问题了。）又如《左传·僖公五年》："春王正月辛亥朔，日南至。""日南至"就是冬至。冬至必在夏历十一月。《左传》说"日南至"在"春王正月",可见它用的必是建子为正的周历。

作为阴阳合历的历法,关键的问题是在如何调配好回归年的长度与朔望月的长度,使之相谐合。因此推朔和置闰便成了星历家之至要。清代汪赵棻《长术辑要》云:"读史而考及于月日干支,小事也;然亦难事。欲知月日,必求朔闰;欲求朔闰,必明推步……盖其事甚小,为之则难。"

《历术甲子篇》定岁实为$365\frac{1}{4}$日,其朔望月是按每月$29\frac{499}{940}$日平均计算的。所推的朔叫平朔或经朔。实际上,月亮绕地球运行的速度并不平衡,每个月不一定是$29\frac{499}{940}$日,有时可能多一点,有时可能少一点。因此经朔就不十分精确(唐以后发明推定朔,就精密了)。但定朔与经朔相差很小,最大的一月也很少超过半天。四分历术的月实是$29\frac{499}{940}$日,即29.53085106日。而用精密仪器实测出的月实是29.530588日。四分月实每月多出0.00026304日。那么多少年将多出一天呢?经计算:

1÷(0.00026304×235÷19)=1÷0.0032536=307(年),是307年就多出一天〔235÷19是取19年七闰为一章的一年月数的平均值。235为19年七闰的月数之和,即12×19+7=235(月)〕。

四分历术是以岁实$365\frac{1}{4}$日、朔策$29\frac{499}{940}$日和十二个朔望月(354日)以及"六十甲子"一轮回(60日)为基本数据,将年月日的周期相调合,以"闰月定时成岁"的。为了使岁实$365\frac{1}{4}$日同十二个朔望月(354日)取齐,并使岁实、朔实和六十甲子等三个数据能最终彼此调合，星历家们采用了大于年的计算单元，即用章、蔀、纪、元的办法，终于达到了目的。这个章、蔀、纪、元的计算单元概念是：

十九年七闰为一章，即 $12 \times 19 + 7 = 235$（月）

四章为一蔀，即 $19 \times 4 = 76$（年）

$235 \times 4 = 940$（月）

$365\frac{1}{4} \times 76 = 27759$（日）

二十蔀为一纪，即 $76 \times 20 = 1520$（年）

三纪为一元，即 $1520 \times 3 = 4560$（年）

一元为4560年，即166550日，刚好为岁实 $365\frac{1}{4}$ 日、朔实 $29\frac{499}{940}$ 日及六十甲子的最小公倍数。

据此，我们可以推出："太初元年"即四分历术的历元，当是公元前5037年的前子月（甲子年甲子月甲子日甲子时）"夜半朔旦冬至"，即炎帝神农创制的"天元甲子历"。其算法是：$4560 + 427 + 50 = 5037$（年），是年即为甲子。

四分历术的朔实 $29\frac{499}{940}$ 日，取的是一蔀76年940个月的平均值（$365\frac{1}{4} \times 76 \div 940 = 29\frac{499}{940}$）。因此用它推朔并不是十分精确，每307年就差1天；实则每年相差3.06分（算法是 $940 \div 307 = 3.06$）。这个秘密早在魏晋南北朝时期的南朝天文学家何承天和祖冲之就给我们指出来了。何承天说："四分于天，出三百年而盈一日。"（《宋书·历志中》）祖冲之在修《大明历》时也说："四分之说，久则后天，经三百年辄差一日。"唐代僧一行亦说："古历与近代密率相较，二百年气差一日，三百年朔差一日。推而上之，久益先天；引而下之，久益后天。"（《新唐书·历志三上》）

四分历术的岁实365$\frac{1}{4}$日，取的也是一个平均值。因此用它来推"气"（如每年冬至或春分……）也不十分精密，经计算每128年气差一日，即每年气差0.25分。这个问题，我们将在讲《二十四节气及其推算》时再详细加以介绍。

《史记·历术甲子篇》是我国四分历术见之于文字的最早科学宝典，是周考王十四年即公元前427年凭实测制定行用的历法。当时是合天的；但如果用它为起始点，前推或后推某年的实际天象（不论是推朔还是推气），就要考虑它的浮分（朔差3.06分；气差0.25分）。也就是说，推公元前427年以前的实际天象时要加上它每年的浮分；推公元前427年以后的实际天象时，要减去它每年的浮分。总的原则是前加后减，否则就会出现与实际天象不合的情况。

我们翻开《史记·历术甲子篇》发现通篇除了"焉逢摄提格太初元年，正北，十二""端蒙单阏二年，十二""游兆执徐三年，闰，十三""强梧大荒落四年，十二""徒维敦牂五年，十二""祝犁协洽六年，闰，十三""商横涒滩七年，十二"等干支别名纪年序外就是"大余……小余……；大余……小余……"（如"端蒙单阏二年，十二，大余五十四，小余三百四十八；大余五，小余八"）。这两对"大余"和"小余"很重要，它科学地反映了四分历岁实（365$\frac{1}{4}$日）与朔实（29$\frac{499}{940}$日）的调配关系。史迁注云："大余者，日也；小余者，日之分数也。"就是说：

前一个"大余"（我们称"前大余"）是指前一年十一月（子月）朔在哪天，前一个"小余"（我们称"前小余"）是指那天的合朔时刻。后一个"大余"（我们称"后大余"），是指前一年十一月（子月）的冬至在哪天；后一个"小余"（我们称"后小余"），是指冬至的交气时刻。

《历术甲子篇》是一部使用干支纪年的历法。篇中的"焉逢摄提格""端蒙单阏""游兆执徐"之类就是干支的别名。因早在这四分历术行用之前，"六十甲子"（十天干和十二地支）不仅早已用来纪日，而且也已用来纪月，还用来纪年。为了避免在纪年和纪月上可能产生的歧义，四分历术的创制者们为了"故避寅卯等文字，而用了摄提格、单阏等名"（日本新城新藏语），即以十岁阳名和十二岁阴名来代替干支纪年了。

《历术甲子篇》中的"太初元年"之"太初"，即《汉书·律历志》"前历上元泰初"之"泰初"（历书索引，引作太初），是"历元"之义，并不是汉武帝年号之"太初"。后人妄加"天汉""太始""征和"……诸年号，皆当删去。张文虎《史记札记》云："惟本不著年，仅《索隐》《正义》每注于下。若史文已具，则注为赘矣！"

我们用《历术甲子篇》提供的年序、前大余、前小余、后大余、后小余和七十六年为一蔀等数据〔见附表二《历术甲子篇》（甲子蔀）子月朔闰气余表〕，再加上一个《二十蔀蔀余表》（附表一）和《一甲数次表》，并以公元前427年为历元近距，就可以推出或验证公元前427年前后下上数千年中任何一年的月朔和二十四节气的交气之日的干支及合朔与交气（节）的时刻。推算实际天象时，只要注意加减它们每年的浮差分（朔差每年3.06分；气差每年0.25分，并以公元前427年为起始点，前加后减）。这样，我们便可以推出与今天现代科学测验结论完全相同或密近的一切历点。

为了构成日数与干支的周期整数，必须以二十蔀为一个单元——一纪。这样，一蔀乘20，即27759×20＝555180，就可以为60（干支）之数所除尽：27759×20÷60＝9253（无余数），这就是一纪二十蔀的由来。

依据上述原则，我们列出了《二十蔀蔀余表》。

附表一　二十蔀蔀余表

蔀次	蔀余	蔀次	蔀余	蔀次	蔀余	蔀次	蔀余
一甲子	0	六己卯	15	十一甲午	30	十六己酉	45
二癸卯	39	七戊午	54	十二癸酉	9	十七戊子	24
三壬午	18	八丁酉	33	十三壬子	48	十八丁卯	3
四辛酉	57	九丙子	12	十四辛卯	27	十九丙午	42
五庚子	36	十乙卯	51	十五庚午	6	二十乙酉	21

历法必须与干支纪日联系在一起。一蔀之日数为27759日，干支以60为周期：27759÷60＝462……39（日）。这"39"就是蔀余，即一蔀之日数不是60干支的整倍数，尚余39日（39位干支）。若一蔀首日为甲子，最后一天（39－1）即为壬寅，那么，它下一蔀的首日就是癸卯了。

根据上述原则，我们还可以以公元前427年前十一月己酉日所在的第十六蔀，即己酉蔀的蔀余45为已知数，得出所求之年所在其蔀的蔀余：

所求之年所在蔀数的蔀余＝已知第十六蔀（己酉蔀）的

蔀余45±上推或下推的蔀数×39（以公元前427年为起始点，前加后减，满一甲则减60）

附表二　《历术甲子篇》（甲子蔀子月朔闰气余表）

	年次	日数	朔大余	小余	气大余	小余	闰
	1	354	0	0	0	0	
	2	354	五十四	348	五	8	
	3	384	四十八	696	十	16	六大
	4	355	十二	603	十五	24	
	5	354	七	11	二十一	0	
	6	384	一	359	二十六	8	三小
	7	354	二十五	266	三十一	16	
	8	355	十九	614	三十六	24	
第一章	9	383	十四	22	四十二	0	十二小
	10	355	三十七	869	四十七	8	
	11	384	三十二	277	五十二	16	九小
	12	354	五十六	184	五十七	24	
	13	354	五十	532	三	0	
	14	384	四十四	880	八	8	五大
	15	355	八	787	十三	16	
	16	354	三	195	十八	24	
	17	384	五十七	543	二十四	0	一小
	18	354	二十一	450	二十九	8	
	19	384	十五	798	三十四	16	十小

续表

	年次	日数	朔大余	小余	气大余	小余	闰
第二章	20	355	三十九	705	三十九	24	
	21	354	三十四	113	四十五	0	
	22	384	二十八	461	五十	8	七小
	23	354	五十二	368	五十五	16	
	24	355	四十六	716	0	24	
	25	384	四十一	124	六	0	三大
	26	354	五	31	十一	8	
	27	354	五十九	379	十六	16	
	28	384	五十三	727	二十一	24	十一小
	29	355	十七	634	二十七	0	
	30	383	十二	42	三十二	8	八小
	31	355	三十五	889	三十七	16	
	32	354	三十	297	四十二	24	
	33	384	二十四	645	四十八	0	五小
	34	354	四十八	552	五十三	8	
	35	355	四十二	900	五十八	16	
	36	384	三十七	308	三	24	一大
	37	354	一	215	九	0	
	38	384	五十五	563	十四	8	九小
第三章	39	354	十九	470	十九	16	
	40	355	十三	818	二十四	24	
	41	384	八	226	三十	0	七小
	42	354	三十二	133	三十五	8	
	43	354	二十六	481	四十	16	

续表

	年次	日数	朔大余	小余	气大余	小余	闰
	44	384	二十	829	四十五	24	四小
	45	355	四十四	736	五十一	0	
	46	354	三十九	144	五十六	8	
	47	384	三十三	492	一	16	十二大
	48	354	五十七	399	六	24	
	49	384	五十一	747	十二	0	八小
	50	355	十五	654	十七	8	
	51	354	十	62	二十二	16	
	52	384	四	410	二十七	24	五小
	53	354	二十八	317	三十三	0	
	54	355	二十二	665	三十八	8	
	55	383	十七	73	四十三	16	二小
	56	355	四十	920	四十八	24	
	57	384	三十五	328	五十四	0	九大
第四章	58	354	五十九	235	五十九	8	
	59	354	五十三	583	四	16	
	60	384	四十七	931	九	24	六小
	61	355	十一	838	十五	0	
	62	354	六	246	二十	8	
	63	384	0	594	二十五	16	三小
	64	354	二十四	501	三十	24	
	65	355	十八	849	三十六	0	
	66	384	十三	257	四十一	8	十二小
	67	354	三十七	164	四十六	16	

续表

年次	日数	朔大余	小余	气大余	小余	闰
68	384	三十一	512	五十一	24	八大
69	354	五十五	419	五十七	0	
70	355	四十九	767	二	8	
71	384	四十四	175	七	16	四小
72	354	八	82	十二	24	
73	354	二	430	十八	0	
74	384	五十六	778	二十三	8	一小
75	355	二十	685	二十八	16	
76	384	十五	93	三十三	24	十大
77		三十九	0	三十九	0	

（此表根据《史记·历术甲子篇》所提供的数据整理而成）

一、推经朔（亦称平朔或朔策）

要推算某年的经朔（推二十四节气以后再讲），先以历元近距公元前427年和它所在的己酉十六蔀为起点，①算出该年（所求之 x 年）入某蔀第几年（推算公元前年时，年数加1）；②用《甲子蔀子月朔闰气余表》的年序，查出某蔀第几年的"前大余"和"前小余"；③前大余加该年所入某蔀的蔀余，所得之和，即为该年前子月（夏历十一月）的朔日干支数次，前小余为合朔时刻；④然后查《一甲数次表》即得前子月的朔日干支。得出该年前子月的朔日干支及合朔时刻后，其余各月的朔和日的干支，运用《一甲数次表》一推即得。

1. 推公元前427年后至公元前1年的经朔

设所推之年为x

则：（427－x）÷76＝商数（商到整数为止）……余数（算外加1）

16＋商数＝x年所进入的蔀年（注：16为己酉蔀）

x年所进入的蔀的蔀余＋（余数＋1）之年的前大余＝x年前子月的朔日干支数次

查《一甲数次表》，即得所推x年前子月的朔日干支

然后按照干支纪月的推算法，顺次推出各月的朔

例（一）　《睡虎地秦墓竹简》云："秦王二十年四月丙戌朔……"（查《中国历史纪年表》得知秦王二十年为公元前227年）我们用四分历术验证这年的四月初一是否是丙戌？

（427－227）÷76＝200÷76＝2……48（算外加1，为49）

16＋2＝18（丁卯蔀）是年进入丁卯（18）蔀第49年

查《二十蔀蔀余表》：丁卯18蔀的蔀余为3

查《甲子蔀子月朔闰气余表》：第49年的前大余51，前小余747

（丁卯蔀余）3＋（第49年的前大余）51＝54

查《一甲数次表》：54是戊午的干支数次

即公元前227年前子月的朔日干支是戊午，合朔时刻是747分。据此，我们排出当年各月的朔日干支及合朔时刻：

子月戊午　　747分合朔

丑月戊子　306分合朔

寅月丁巳　805分合朔

卯月丁午　364分合朔

辰月丙辰　863分合朔

巳月丙戌　422分合朔

午月乙卯　921分合朔

……

巳月即夏历四月。其朔日干支（四月初一日）是丙戌。说明公元前227年（秦王二十年）四月的朔日干支确实是丙戌，《睡虎地秦墓竹简》记载不误。

例（二）　推算贾谊《鵩鸟赋》"单阏之岁兮，四月孟夏，庚子日斜兮，鵩集予舍"的具体时间？

"单阏"是卯的别名。根据贾谊生活年代推知，当是丁卯（是否正确，在下面的推算中将予以验证）。单阏乃是"徒维单阏"（丁卯）的省称。这年是公元前174年（汉文帝六年）。试推算之：

（427－174）÷76＝3……25（算外加1，为26）

16＋3＝19（丙午蔀）是年进入丙午（19）蔀第26年

查《二十蔀蔀余表》：丙午（19）蔀的蔀余为42

查《甲子蔀子月朔闰气余表》：第26年的前大余是5，前小余是31

（丙午蔀余）42＋（第26年的前大余）5＝47

查《一甲数次表》：47为辛亥的干支数次

以上推算得知：公元前174年前子月的朔日是辛亥，31分合朔据此，我们可以排出公元前174年各月的朔日干支及合朔时刻：

子月辛亥　31分合朔

丑月庚辰　530分合朔

寅月庚戌　89分合朔

卯月己卯　588分合朔

辰月己酉　147分合朔

巳月戊寅　646分合朔

午月戊申　208分合朔

……

巳月（夏历四月）戊寅朔，则庚子是四月二十三日。（庚子的干支数次36；戊寅的干支数次为14；36－14＋1＝23）

以上推算说明"鵩集于舍"的具体时间是公元前174年夏历四月二十三庚子。

例（三）　长沙马王堆出土的西汉《纪年木牍》云："十二年二月乙巳朔戊辰，家丞奋移主葬……"马王堆博物馆展室说明："经考证：十二年二月乙巳朔戊辰，是汉文帝前元十二年（公元前168年）二月二十四日。"这个《说明》所谓的考证是否正确？试推算检验之。

（427－168）÷76＝3……31（算外加1，为32）

16＋3＝19（丙午蔀）

是年进入丙午（19）蔀第32年

查《二十蔀蔀余表》：丙午（19）蔀的蔀余为42

查《甲子蔀子月朔闰气余表》：第32年的前大余为30，前小余为297

（丙午蔀余）42＋（第32年的前大余）30＝72；满一甲，减60，72－60＝12

查《一甲数次表》：12为丙子的干支数次

即公元前168年前子月的朔日是丙子297分合朔

据此，我们可以排出公元前168年各月的朔日干支及合朔时刻：

前子月丙子　297分合朔

前丑月乙巳　796分合朔

寅月乙亥　355分合朔

卯月甲辰　854分合朔

辰月甲戌　413分合朔

巳月癸卯　912分合朔

午月癸酉　471分合朔

未月癸卯　30分合朔

申月壬申　529分合朔

酉月壬寅　88分合朔

戌月辛未　587分合朔

亥月辛丑　146分合朔

子月庚午　645分合朔

丑月庚子　204分合朔

从以上推出的各月的朔来看，公元前168年夏历二月（卯月）的朔日不是乙巳而是甲辰，乙巳是公元前168年前一个丑月，即公元前169年丑月的朔日。也就是说乙巳是夏历十二月，殷历正月，周历二月，颛顼历三月的朔日干支。因此"乙巳朔戊辰"日，当是公元前169年夏历十二月二十四日（查《一甲数次表》戊辰的干支数次是4；乙巳的干支数次是41；4－41＋60＋1＝24）。长沙马王堆博物馆展览室的说明，所谓"经考证……是汉文帝前元十二年（公元前168年）二月二十四日"有误。汉初承袭秦制，直至汉武帝太初（公元前104年）改历以前，汉朝所使用的历法，仍是建亥为正（以夏历十月为岁首）的颛顼历。故公元前169年夏历十二月二十四日（"乙巳朔戊辰"）当为汉文帝前元十二年三月乙巳朔戊辰。马王堆博物馆所展出土《纪年木牍》"十二年二月乙巳朔"可能是"三月乙巳朔""三"字脱去一横，成了"二月乙巳朔"。

2. 推公元前427年以前的经朔

设所推之年为x

则：（x－427）÷76＝商数（商到整数为止）……余数（算外加1）

因从公元前427年（己酉蔀16）往公元前427年以前是逆推，所以从己酉蔀"16"往上逆推"商数"应加1，才能得所推之年x进入的蔀数。

即16－（商数＋1）＝x进入的蔀数

同样，由于是逆推，因此在考虑所推之年x进入某蔀第几年时，也应顺过来，即76－余数＋1

其公式是：［16－（商数＋1）］之蔀的蔀余＋（76－余数＋1）之年的"前大余"＝x年前子月的朔日干支数次

（76－余数＋1）之年的"前小余"为x年前子月朔日的

合朔时刻

例（一） 《左传·僖公五年》宫之奇谏假道："冬十二月丙子朔，晋灭虢，虢公丑奔京师。"推晋灭虢国虢公丑奔京师究竟是哪一天？

查《中国历史纪年表》：僖公五年为公元前655年

（655－427）÷76＝3……0

16－（3＋1）＝12，即该年进入癸酉12蔀

76＋0＋1＝77，即该年进入癸酉蔀的第77年

因76年为一蔀，77年则已进入下一之首年，实际已为壬子（13）蔀的第1年了

查《甲子蔀子月朔闰气余表》：第1年的"前大余"为0，"前小余"为0

查《二十蔀蔀余表》：壬子蔀余为48

48＋0＝48

查《一甲数次表》：48为壬子的干支数次

以上推算得知：公元前655年（僖公五年）前子月的朔日干支为壬子，合朔时刻为0分。

据此，我们可以排出公元前655年各月的朔日干支及合朔时刻：

前子月壬子　0分合朔

前丑月辛巳　499分合朔

寅月辛亥　58分合朔

卯月庚辰　557分合朔

辰月庚戌　116分合朔

巳月己卯　615分合朔

午月己酉　　　174分合朔

未月戊寅　　　673分合朔

申月戊申　　　232分合朔

酉月丁丑　　　731分合朔

戌月丁未　　　290分合朔

亥月丙子　　　789分合朔

子月丙午　　　348分合朔

丑月乙亥　　　847分合朔

《春秋》用的是建子为正的周历，亥月就是僖公五年的十二月。从以上推算得知：公元前655年亥月的朔日是丙子，789分合朔。说明晋灭虢国虢公丑奔京师的具体时间是公元前655年夏历十月初一（周历十二月丙子朔即夏历十月初一，经推算验证无误）。

3. 推公元后年的经朔

设：所推之年为x，则：

（427＋x）÷76＝商数（商到整数为止）……余数（计算时不另加1，因为从公元前年到公元后年，中间没有一个"公元零年"。但从数学计算上则含有一个公元"0"年，如公元1年同公元前1年之间相差几年？数学计算必是1－（－1）＝2（年），但实际上它们仅差一年）。

16＋商数＝x年进入的蔀年

（16＋商数）之蔀的蔀余＋余数之年的前大余＝x年前子月的朔日干支数次

例（一）　《汉书·五行志》云："平帝元始元年五月丁巳晦，日有食之。"试以四分历推之？

查《中国历史纪年表》：汉平帝元始元年为公元1年。

（427＋1）÷76＝5……48

16＋5－20＝1……公元1年所入之蔀次

查《甲子蔀子月朔闰气余表》：48年的前大余为57，前小余为399

查《二十蔀蔀余表》第1（甲子）蔀的蔀余为0

0＋57＝57，为公元1年前子月的朔日干支数次

即公元1年前子月的朔日干支是辛酉，399分合朔

据此，我们可以推出汉平帝元始元年（公元1年）各月的朔日干支及合朔时刻：

子月辛酉　399分合朔

丑月庚寅　898分合朔

寅月庚申　457分合朔

卯月庚寅　16分合朔

辰月己丑　515分合朔

巳月己未　74分合朔

午月戊子　573分合朔

未月戊午　132分合朔

……

以上推出的是汉平帝元始元年各月的经朔（平朔）。汉武帝太初（公元前104年）改历以后，汉代从此使用的是建寅为正的夏历，因此"午月戊子　573分合朔"，即平帝元始元年五月朔日（初一）的干支是戊子；合朔时刻为573分；"未月戊午　132分合朔"即平帝元始元年六月朔日

（初一）的干支是戊午，合朔时刻是132分。但我们知道：四分历术久则后天，经307年则差一日。从"历元年距"周考王十四年（公元前427年）到汉平帝元始元年，已是428年，其朔差已超过一日。因此，按我们推的经朔，平帝元始元年六月的朔日及其合朔时刻当为戊午132分，而实际天象，合朔时间却要提前一天，即在平帝元始元年的五月三十日就合朔了。六月初一（经朔的朔日）是戊午，那么比它早一天的五月三十日自然应是丁巳了。汉代星历家们只懂得推经朔，尚不知道有实朔，他们认为平帝元始元年六月的朔日必是戊午，只有戊午这天才会发生"日有食月"的天象，可是在丁巳这天（在他们的心目中这天还属五月三十），竟发生了"日有食月"的合朔现象。因此，他们感到奇异，于是便大书特书："平帝元始元年五月丁巳晦，日有食之！"把正常的实际天象反而视之为怪异现象了！

二、实际天象之推算

前面已经说到"四分历术"（《历术甲子篇》）的朔策（经朔）是$29\frac{499}{940}$日，亦即29.53085106日，而实测朔实是29.530588日，也就是说经朔比这个实朔，每月要多出0.00026306日，即307年就多出一天，一年就多出3.06分。

因此，我们用"四分历术"（《历术甲子篇》）来推算实际天象时，必须考虑加减每年的浮分3.06分。这样就可以推得与实际天象完全吻合或密近的朔闰。

　　因为"四分历术"是在公元前427年开始正式施行的。所以用它为基点（起始年）来推算它以前的实际天象时，每年要加浮分3.06分；推算它以后的实际天象时，每年要减去浮分3.06分。简言之即前加后减。一些考古学家或星历家们不懂这个道理，他们用汉代刘歆《三统历》中的"孟统"去推算西周的实际天象时，总是与当年铭器所记的实际天象不合，总是要产生两三天的误差，其根本原因之一就是没有把每年的浮分3.06分考虑进去。

　　例如：西周铭器《虢季子白盘》记："十二年正月初吉丁亥，虢季子白作宝盘。"清代天文学者孙诒让说："此盘平定张石州孝廉以四分周术推，为周宣王十二年正月三日，副贡（刘涛曾）之弟以三统术推之，亦与张推四分术合。"（《籀廎述林》）孙氏不明推步，他曲从张、刘之说，定丁亥为周宣王十二年（公元前816年）正月初三。否定《虢季子白盘》"正月初吉丁亥"的实际天象记载。究竟谁是谁非，我们试以四分历术之推算来检验之：

　　（816－427）÷76＝5……9

　　16－（5＋1）＝10

　　查《二十部部余表》：10为乙卯部的序数，其部余为51

　　76－9＋1＝68

　　该年进入乙卯部的第68年

　　查《甲子部子月朔闰气余表》：第68年的前大余为31，前小余为512

　　51＋31＝82；满一甲减60：

　　82－60＝22

　　查《一甲数次表》：22为丙戌的干支数次

该年前子月（周历的正月）朔日是丙戌。但我们推出的这个朔是平朔（或经朔），还不是实朔。其实朔是：

（816－427）×3.06＝1190（分）

一日为940分

$$1190 \div 940 = 1\frac{250}{940}（日）$$

$$22\frac{512}{940} + 1\frac{250}{940} = 23\frac{762}{940}$$

即该月实际天象即实朔的干支数次为23，合朔时刻是762分

查《一甲数次表》23为丁亥的干支数次。西周建子为正，故公元前816年前子月的实际天象——丁亥762分合朔，正是周宣王"十二年正月初吉丁亥"。丁亥是朔日，是初一，不是初三。孙诒让等人不知实朔，他们用"四分周术"推出的是平朔。平朔（丙戌）比实朔（丁亥）早了一天，加之他们是用刘歆《三统历》之"孟统"来推算的，孟统又比以"天正甲寅元"的四分历早出一天（丙戌成了乙酉）。这样，其推算势必就要相差两日。所以，在他们看来，初吉丁亥便成了初三丁亥了。

又如：西周宣王时铭器《师虎敦》："佳元年六月既望甲戌。"王国维用刘歆《三统历》之孟统推算，得不出宣王元年六月十六为甲戌的实际天象，甲戌算到六月十八去了。于是他便解释说："宣王元年六月丁巳朔，十八日得甲戌。是十八日可谓之既望也。"（转引自张汝舟先生《二毋室古代天文历法论丛·殷历朔闰谱的使用》）周宣王元年（公元前827年）六月既望即六月十六是否是甲戌？我们试推算检

验之：

（827－427）÷76＝5……20

16－（5＋1）＝10

查《二十蔀蔀余表》：10为乙卯蔀的序数，其蔀余为51

76－20＋1＝57；该年进入乙卯蔀第57年

查《甲子蔀子月朔闰气余表》：第57年的前大余为35，前小余为328

51＋35＝86；满一甲减60：

86－60＝26

查《一甲数次表》：26为庚寅的干支数次

即周宣王元年（公元前827年）前子月的平朔是庚寅，328分合朔

其实朔（即实际天象）是：

（827－427）×3.06＝1224（分）

一日为940分

$$1224 \div 940 = 1\frac{284}{940}（日）$$

$$26\frac{328}{940} + 1\frac{284}{940} = 27\frac{612}{940}$$

该月实际天象即实朔的干支数次是27，合朔时刻是612分

查《一甲数次表》：27为辛卯的干支数次

据此，我们可以排出周宣王元年（公元前827年）各月的实际天象的朔日干支及合朔时刻：

子月辛卯　612分合朔

丑月辛酉　171分合朔

寅月庚寅　670分合朔

卯月庚申　229分合朔

辰月己丑　728分合朔

巳月己未　287分合朔

……

　　西周建子为正，巳月就是它的六月。六月（巳月）朔日为己未，既望十六正是甲戌。王国维等人把周宣王元年六月的既望十六甲戌，推成了十八，并说"十八日"也"可谓之既望"，这是一种曲解。王国维因此而悟出的"月相四分法"断不可信。

　　下面我们以推算实际天象之法，再推算和检验几个历点：

　　1.《史记·晋世家》："五年春，晋文公欲伐曹，假道于卫……三月丙午，晋师入鲁……四月戊辰，宋公、齐将、秦将与晋侯次城，己巳与楚兵合战……甲午晋师还至衡雍，作王宫于线土。"

　　晋文公五年为公元前632年（查《中国历史纪年表》得知）

　　（632－427）÷76＝2……53

　　76－53＋1＝24

　　16－（2＋1）＝13

　　查《二十蔀蔀余表》：13为壬子蔀，其蔀余为48

　　是年入壬子13蔀第24年

　　查《甲子蔀子月朔闰气余表》：第24年的前大余为46，前小余为716

48+46＝94；满一甲减60：

94－60＝34

查《一甲数次表》：34为戊戌的干支数次。即公元前632年（晋文公五年）前子月的平朔是戊戌，716分合朔

因"四分历术"先天，每年浮分为3.06分，所以公元前632年（晋文公五年）前子月的实朔（实际天象）是：

（632－427）×3.06＝627（分）

$$34\frac{716}{940}+\frac{627}{940}=35\frac{403}{940}$$

查《一甲数次表》：35为己亥的干支数次

即公元前632年（晋文公五年）的前子月的实际天象是己亥，403分合朔

据此我们可以排出公元前632年（晋文公五年）各月的实朔：

子月己亥　430分合朔

丑月戊辰　902分合朔

寅月戊戌　461分合朔

卯月戊辰　20分合朔

辰月丁酉　519分合朔

巳月丁卯　78分合朔

午月丙申　577分合朔

未月丙寅　136分合朔

……

晋楚建寅为正，三月（辰月）丁酉朔，则丙午为三月初

十；四月（巳月）丁卯朔，则戊辰为四月初二；己巳为四月初三；甲午为四月二十八日。

2.《汉书·五行志》："高帝三年十月甲戌晦，日有食之。"

汉高帝三年为公元前204年（查《中国历史纪年表》得知）

（427－204）÷76＝2……71（算外加1，为72）

16＋2＝18

是年入第18（丁卯）蔀第72年，丁卯的蔀余为3

查《甲子蔀子月朔闰气余表》：第72年的前大余为8，前小余为82

3＋8＝11

查《一甲数次表》：11为乙亥的干支数次

该年前十一（子）月的朔是乙亥，合朔时刻为82分。汉承秦制，在汉武帝太初改历以前，汉朝记事都是起自十月（建亥），终于九月。十一月朔为乙亥，则十月晦（三十）必为甲戌，与《汉书》所记"十月晦甲戌"完全吻合。为什么日食（日月交会）会发生在"晦日"呢？这是年的浮差分造成的。如果我们求出该月的实际天象，则"日食在晦"的现象就很好解释了。

（427－204）×3.06＝682（分）根据浮分前加后减的原则，则：

$$11\frac{82}{940} - \frac{682}{940} = 10\frac{340}{940}$$

查《一甲数次表》：10为甲戌的干支数次。即该年前十一（子）月的合朔时刻是甲戌340分合朔。这就是说按实际天象汉高帝三年（公元前204年）十一月的朔日是甲戌。这天出现"日月交会"的合朔现象是完全正常的。但由于当时的星历家只知经朔，不懂实朔。他们按经朔推排，则"甲戌"被算到十月的晦日（大月三十，小月二十九）去了。因此发出了"十月甲戌晦，日有食之"的惊叹。

3. 推算公元1959年的实际天象

（1959＋427）÷76＝31……30

16＋31＝47；逾2纪，减20×2

47－20×2＝7

是年入戊午（第7）蔀第30年，戊午蔀的蔀余为54

查《甲子蔀子月朔闰气余表》：第30年的前大余12，前小余42

54＋12＝66；满一甲减60：

66－60＝6

查《一甲数次表》：6为庚午的干支数次

即公元1959年前子月（1958年十一月）的经朔是庚午42分合朔

是年后天，当减，其实朔应为：

（1958＋427）×3.06＝7298（分）；满940分进一日，为：

$$7298 \div 940 = 7\frac{718}{940}$$

即 $6\frac{42}{940} - 7\frac{718}{940}$；不够减，加一甲60，为：

$$60 + 6\frac{42}{940} - 7\frac{718}{940} = 58\frac{264}{940}$$

查《一甲数次表》：58为壬戌的干支数次

即公元1959年前子月（1958年十一月）的实朔是壬戌264分合朔

据此，我们可以排出以下各月的朔：

1958年十一月壬戌　264分合朔

十二月辛卯　763分合朔

1959年正月辛酉　322分合朔

二月庚寅　821分合朔

三月庚申　380分合朔

四月己丑　879分合朔

五月己未　438分合朔

六月戊子　937分合朔

七月戊午　496分合朔

八月戊子　55分合朔

九月丁巳　554分合朔

十月丁亥　113分合朔

十一月丙辰　612分合朔

十二月丙戌　171分合朔

我们翻开1959年的历书一对，发现这十四个月，其中只有四月和六月似乎相差一天。其实只要我们看看合朔时刻，就会发现：四、六这两个月的分数很大，折合现代时间它们都超过大半天，即：

$$879 : 940 = x : 24$$

$$x = 22.4425（小时）$$

$$937 : 940 = x : 24$$

x ＝23.423（小时）

因此，只需稍有加差，则四月朔日己丑就成了庚寅，六月朔日戊子就成了己丑了。

4. 推算公元1981年的实际天象

（1981＋427）÷76＝31……52

16＋31＝47，47－20×2＝7

是年入戊午（第7）蔀第52年，戊午蔀的蔀余为54

查《甲子蔀子月朔闰气余表》：第52年的前大余为4，前小余410，54＋4＝58

查《一甲数次表》：58为壬戌的干支数次。即以"四分历术"推得1981年前年十一月的经朔是壬戌，合朔时刻是410分。因"四分历术""久则后天"，我们推出的经朔，还不是它的实际天象。要求实际天象，须推实朔：

（1981＋427）×3.06＝7369（分）根据前加后减的原则，当是：

$$58\frac{410}{940}-\frac{7369}{940}=50\frac{561}{940}$$

查《一甲数次表》：50为甲寅的干支数次

即公元1981年前年十一月的实朔是甲寅561分合朔。据此我们可以排出1981年全年各月的实际天象（每月的朔日及合朔时刻）：

子月甲寅　561分合朔　十一月甲寅

丑月甲申　120分合朔　十二月甲申

寅月癸丑　619分合朔　正月甲寅

卯月癸未　178分合朔　二月癸未

辰月壬子　677分合朔　三月癸丑

巳月壬午　236分合朔　四月壬午

午月辛亥　735分合朔　五月辛亥

未月辛巳　294分合朔　六月辛巳

申月庚戌　793分合朔　七月庚戌

酉月庚辰　352分合朔　八月己卯

戌月己酉　851分合朔　九月己酉

亥月己卯　410分合朔　十月己卯

子月戊申　909分合朔　十一月戊申

丑月戊寅　468分合朔　十二月戊寅

以上推算是否正确（是否密近今天的实际），我们用现代科学测定的《朔闰表》（陈垣《二十史朔闰表》）对照。结果，除正月（寅月）、三月（辰月）和八月（酉月）这三个不合外，其余全合。而这三个月，也仅仅不到半天之差。如寅月（正月）我们推算该月的朔日是癸丑，似乎比《朔闰表》"正月甲寅"早出一天。但我们推出的合朔时刻是619分。化为现代时间，则为：

940：619＝24：x

x＝15.8043（小时）

这个合朔时间仅比以"甲寅"为朔日的现代测定早八个来小时。此足以证明《历术甲子篇》所存历法之精密已到何等惊人的地步，这是我们祖国的骄傲！

二十四节气及其推算

　　我国古代劳动人民，"力不失时"，对直接影响农事成败的气象条件非常重视。他们在漫长的岁月中，经过精细的观察和研究，发现气候的变化、时令的推移，均与天象的变化（日月星辰的运行规律）密切相关。二十四节气就是古代先民在长期的生活和生产实践中，总结出的以反映农业气象条件为主要特征的一套完整的时令系统，是古代天文、气候和农业生产实践三者的最完美结合。二十四节气，每月一节一气，前一个叫"节"，后一个叫"气"或"中气"。如正月立春、雨水：立春是节，可以放到去年的十二月（如1991年辛未的"春"就跑到1990年庚午12月去了）；雨水是气，必须放在正月，不能跑到二月去，所以叫"中气"（此气居当月之中的意思）。中气很重要，它是决定置闰的。哪个月失气，就先置闰月。如1990年六月失气，就来一个闰五月予以补上；1993年四月失气，就来一个闰三月予以补上。

　　节气亦可简称为气。这个气实际就是气象（亦即天气、气候）的意思。它用两个字（如立春、雨水、惊蛰、春分、清明、谷雨……）把当地的日地关系、气候特点以及相应的农事活动切要地表达出来。从古到今它是一部指导我国劳动人民从事农事活动的、独具特色的时节历。

　　公元前2200年的《尚书·尧典》中的"日短星昴""日中星鸟""日永星火""宵中星虚"等四仲中星记载，指的就是冬至、春分、夏至和秋分，这二十四节气中最重要的是四气（二至、二分）。《礼记·月令》明确在"孟春之月"提到"立春"；在"仲春之月"提到"日夜分"；在"孟夏之月"提到"立夏"；在"仲夏之月"提到"日长至"；在"孟秋之月"提到"立秋"；在"仲秋之月"提到"日夜分"；在"孟冬之月"提到"立冬"；在"仲冬之月"提到"日短至"（"是月也，日短至"）。《汉书·五行志》云："春秋分，日夜等"，"冬夏至，长短极"。"日夜等"即指春分和秋分（它们白天和夜晚的时间一样长。亦即昼夜各占一半，故称日夜等）；"日长至"和"日短至"则分别指夏至和冬至（因夏至白天的时间最长，冬至白天的时间最短，故有此称）。《左传·昭公十七年》（公元前524年）所载少皞氏设置历官云："我高祖少皞挚之立也，凤鸟适至，故纪于鸟。为鸟师而鸟名：凤鸟氏，历正也；玄鸟氏，司分者也；伯赵氏，司至者也；青鸟氏，司启者也；丹鸟氏，司闭者也……""分"指春分、秋分；"至"指夏至、冬至；"启"指立春、立夏；"闭"指立秋、立冬。（《汉书·律历志》云："启、闭者，节也；分、至者，中也。节不必在其月，故时中必在正数之月。"）公元前4300年以前的少皞氏时代以鸟为图腾。玄鸟就是燕子，它春分来，秋分去，故令玄鸟氏以司"二分"；伯赵即伯芳，亦名鵙，它夏至始鸣，冬至则止，故令伯赵氏以司"二至"；青鸟，"此鸟以立春鸣，立夏止"，故令青鸟氏以司"二启"；丹鸟即雉，今称锦鸡，它"立秋来，立冬去"（以上所引见《左传》疏），故令丹鸟氏以司"二闭"（或云丹鸟即萤火虫。《夏小正》："八月，丹鸟羞白鸟。"白鸟就是蚊蚋。从立秋到立冬，正是萤火虫十分活跃的季节）。二分、二至和四立（春分、秋分；夏至、冬至；立春、立夏、立秋、立冬），是二十四节气中最重要的"八气"。它把一年分为八个基本相等的时段，从而把春、夏、秋、冬四季的时间范围确定了下来，为农事活动，提供了一个可靠的"时令季节表"。

二十四节气的完整记载，最早见于战国前期的《周髀算经》。从魏安釐墓中发现的《逸周书》其《时训解》也有二十四节气的完整记载。西汉初期的《淮南子》所载二十四节气，从名称到顺序同今天的完全一致，《淮南子·天文训》云：

日行一度，十五日为一节以生二十四时之变。斗指子，则冬至，音比黄钟；加十五日指癸，则小寒，音比应钟；加十五日指丑，则大寒，音比无射；加十五日指报德之维，则越阴在地，故曰距冬至四十六日而立春。阳气解冻，音比南昌；加十五日指寅，则雨水，音比夷则；加十五日指甲，则雷惊蛰，音比林钟；加十五日指卯，中绳，故曰春分则雷行，音比蕤宾；加十五日指乙，则清明风至，音比仲吕；加十五日指辰，则谷雨，音比姑洗；加十五日指常羊之维，则春分尽，故曰有四十五日而立夏，大风济，音北夹钟；加十五日指巳，则小满，音比太蔟；加十五日指丙，则芒种，音比大吕；加十五日指午，则阳气极，故曰有四十六日而夏至，音比黄钟；加十五日指丁，则小暑，音比大吕；加十五日指未，则大暑，音比太蔟；加十五日指背阳之维，则夏分尽，故曰有四十六日而立秋，凉风至，音比夹钟；加十五日指甲，则处暑，音比姑洗；加十五日指庚，则白露降，音比仲吕；加十五日指酉，中绳，故曰秋分，雷戒蛰虫北乡，音比蕤宾；加十五日指辛，则寒露，音比林钟；加十五日指戌，则霜降，音比夷则；加十五日指通之维，则秋分尽，故曰有四十六日而立冬，草木毕死，音比南吕；加十五日指亥，曰小雪，音比无射；加十五日指壬，则大雪，音比应钟；加十五日指子，故曰阳生于子，阴生于午。阳生于子，故十一月曰冬至……

可见二十四节气，从二至二分到八气，到二十四节气，经过相当长的时期的发展、完善之后，在西汉初期已经完全稳定了。《汉书·律历志》中的《次度》记载了二十四节气和一年十二个月同二十八宿的完美对应关系，其中明确记载着：

星纪 初，斗十二度，大雪；中，牵牛初，冬至（即冬至点在牵牛初度）。于夏为十一月，商为十二月，周为正月……

玄枵 初，婺女八度，小寒；中，危初，大寒。于夏为十二月，商为正月，周为二月……

娵訾 初，危十六度，立春；中，营室十四度，惊蛰。今日雨水。于夏为正月，商为二月，周为三月……

降娄 初，奎五度，雨水。今日惊蛰。中，娄四度，春分。于夏为二月，商为三月，周为四月……

大梁 初，胃七度，谷雨。今日清明。中，昴八度，清明。今日谷雨。于夏为三月，商为四月，周为五月……

　　实沉　初，毕十二度，立夏；中，井初，小满。于夏为四月，商为五月，周为六月……

　　鹑首　初，井十六度，芒种；中，井三十一度，夏至。于夏为五月，商为六月，周为七月……

　　……

　　据史料证实，西汉末期冬至点不在牵牛初度，而在建星（建星在斗宿尾的北边），即约牵牛五度。冬至点 $71\frac{8}{12}$ 西移一度（也就是恒星东移一度）。据此，我们可以推出《汉书·律历志·次度》所载二十四节气，不是西汉时期的天象史料，是公元前450年左右（战国时期）的天象实录（$71\frac{8}{12}\times5=358\frac{4}{12}$（年），说明：

　　《次度》关于冬至点在"牵牛初"的记载相距西汉已358年以上了。它的节气顺序同汉初的《淮南子·天文训》所载二十四节气的顺序，也有极个别的差异（如《淮南子·天文训》载：正月立春，雨水。三月清明、谷雨。而《次度》却是正月立春、惊蛰。三月谷雨、清明），这也恰好证明了这点。

　　二十四节气是由太阳的视运动来决定的。《周髀算经》和《后汉书·律历志》等许多典籍记载了圭表所测定的二十四节气的各个日影长短数据。如《后汉书·律历志》：

冬至，日所在黄道去极百一十五度，晷景丈三尺。昼，漏刻四十五；夜，漏刻五十四，昏，中星奎六，旦，中星亢二。

小寒，日所在黄道去极百一十三，晷景丈二尺三寸，昼，漏刻四十五分八；夜，漏刻五十四分二。昏，中星娄六半；旦，中星氐七。

大寒，日所在黄道去极百一十一，晷景丈一尺。昼，漏刻四十六分八；夜，漏刻五十二分二。昏，中星胃十一半；旦，中星心半。

立春，日所在黄道去极一百六，晷景丈九尺六寸。昼，漏刻四十八分六。夜，漏刻五十一分四。昏，中星毕五；旦，中星尾七半。

雨水，日所在黄道去极百一，晷景七尺九寸五分。昼，漏刻五十分八；夜，漏刻四十九分二。昏，中星参半；旦，中星箕六。

惊蛰，日所在黄道去极九十五，晷景六尺五寸。昼，漏刻五十三分三；夜，漏刻四十六分七。昏，中星井十七；旦，中星斗四。

春分，日所在黄道去极八十九，晷景五尺二寸五分。昼，漏刻五十五分八；夜，漏刻四十四分二。昏，中星鬼四；旦，中星斗十一。

清明，日所在黄道去极八十三，晷景四尺一寸五分。昼，漏刻五十八分三；夜，漏刻四十一分七。昏，中星星四；旦，中星斗二十一半。

谷雨，日所在黄道去极七十七，晷景三尺二寸。昼，漏刻六十分五；夜，漏刻三十九分五。昏，中星张十七；旦，中星斗六半。

立夏，日所在黄道去极七十三，晷景二尺五寸二分。昼，漏刻六十二分四；夜，漏刻三十七分六。昏，中星翼十七；旦，中星女十。

小满，日所在黄道去极六十九，晷景尺九寸八分。昼，刻六十三分九；夜，漏刻三十六分一。昏，中星角六；旦，中星危。

芒种，日所在黄道去极六十七，晷景尺六寸八分。昼，刻六十四分九；夜，漏刻三十五分一。昏，中星亢五；旦，中星危十四。

夏至，日所在黄道去极六十七，晷景尺五寸。昼，漏刻六十五分；夜，漏刻三十五分。昏，中星氐十二；旦，中星室十二。

小暑，日所在黄道去极六十七，晷景尺七寸。昼，漏刻六十四分七；夜，漏刻三十五分三。昏，中星尾一；旦，中星奎二。

大暑，日所在黄道去极七十，晷景二尺。昼，漏刻六十三分八；夜，漏刻三十六分二。昏，中星尾十五半；旦，中星娄三。

立秋，日所在黄道去极七十三，晷景二尺五寸五分。昼，漏刻六十二分三；夜，漏刻三十七分七。昏，中星箕九；旦，中星胃九。

处暑，日所在黄道去极七十八，晷景三尺三寸三分。昼，漏刻六十分二；夜，漏刻三十九分八。昏，中星斗十；旦，中星毕三。

白露，日所在黄道去极八十四，晷景四尺三寸五分。昼，漏刻五十七分八；夜，漏刻四十二分二。昏，中星斗二十一；旦，中星参五半。

秋分，日所在黄道去极九十半，晷景五尺五寸。昼，漏刻五十五分二；夜，漏刻四十四分八。昏，中星牛五；旦，中星井十六。

寒露，日所在黄道去极九十六，晷景六尺八寸五分。昼，漏刻五十二分六；夜，漏刻四十七分四。昏，中星女七；旦，中星鬼三。

霜降，日所在黄道去极百二，晷景八尺四寸。昼，漏刻五十分三，夜，漏刻四十九分七。昏，中星虚六；旦，中星星三。

立冬，日所在黄道去极百七，晷景丈四尺二分。昼，漏刻四十八分二；夜，漏刻五十一分八。昏，中星尾八；旦，中星张十五。

小雪，日所在黄道去极百一十一，晷景丈一尺四寸。昼，漏刻四十六分七；夜，漏刻五十三分三。昏，中星室二半；旦，中星翼十五。

大雪，日所在黄道去极百一十三，晷景丈二尺五寸六分。昼，漏刻四十五分五；夜，漏刻五十四分五。昏，中星壁半；旦，中星轸十五。

这就是说，当太阳的视运动进入二十四节气的某一固定位置时，就称作交某节气。如《周礼·春官·冯相氏》注云："冬至，日在牵牛，景丈三尺。"即当某天正午太阳在圭表上的投影正好是一丈三尺时，这天就交冬至。

前面说到，二十四节气的名称虽然只用了两个字，但它却是古代天文、气候和农业生产这三个有关特征的综合概括。它们有的反映天象和季节，如二至、二分和四立；有的反映气候特征，如雨水、清明、谷雨、小暑、大暑、处暑、白露、霜降、小雪、大雪、小寒、大寒；有的反映动植物的表象，如惊蛰、小满、芒种。它们每一个节气都有其特定的意义，对农业生产活动起着非常重要的指导或提示作用。

冬至　我国古代二十四节气起于冬至，终于大雪。《尚书·尧典》"日短星昴"记的就是每年冬至的交气时间。《汉书·律历志》的冬至点记在"牵牛初度"。冬至是一年之中白天最短，夜间最长的一天。至者，极也。从太阳的视运动来说，冬至是太阳南行达到终极点——南回归线上时的天象。这时太阳离我们北半球最远，它在地面上的投影最长。因此古代又称冬至为"日短至"或"日南至"。

按照陈希龄《恪遵宪度抄本》的说法，冬至就是"阴极之至，阳气始生，日南至，日短之至，日影长至"的意思。

夏至　《尚书·尧典》"日永星火"记的就是夏至的交气时间。夏至是一年之中白天最长，夜间最短的一天。从太阳的视运动来说，夏至是太阳北行达到终极点——北回归线上时的天象。这时太阳离我们北半球最近，它在地面上的投影最短。因此，古代又称夏至为"日长至"或"日北至"、"日影短至"。这也就是陈希龄所云的"阳极之至，阴气始生，日北至，日长之至，日影短至，故曰夏至"的意思。

春分、秋分　《尚书·尧典》分别将这两天记为"日中星鸟"和"宵中星虚"。表示这两天昼夜平分，白天和夜晚时间都一样长。因此，古代也称它们为"日夜分"。分者，半也。日夜分就是说昼夜时间各半。

立春、立夏、立秋、立冬　立者，始也。立春就是春季的开始；立夏就是夏季的开始……从立春到立夏是春季；从立夏到立秋是夏季；从立秋到立冬是秋季；从立冬到立春是冬季。

雨水　秋干冬涸，雨水表示少雨的冬季已经过去，春季降雨开始。因此，《月令》称此节为"始雨水"。

惊蛰　蛰者，藏也，虫蛇之类钻入泥土之中冬眠叫蛰。入春之后，雷声将其震醒，虫蛇开始出土活动，所以古人将此节气称作惊蛰。这时土壤解冻，地温升高，正是春耕开始的时候。

清明　表示天气晴和，叶嫩花红，到处是一片清新明丽的欣欣向荣景象。如北宋诗人黄庭坚诗云："佳节清明桃李笑，野田荒冢只生愁。雷惊天地龙蛇蛰，雨足郊原草木柔……"（《清明》）

谷雨　取雨生百谷之意。此时降雨量明显增多，越冬作物返青拔节。春播作物根生苗出，蓬勃向上。

小满　此时麦类等夏熟作物颗粒已经收浆，开始饱满，但还未完全成熟，"小满者，将满犹未至极也"（陈希龄语）。

芒种　此表示麦类等有芒作物的颗粒已经成熟，亟待收获而夏播作物必须抓紧栽种之时。芒种或为"忙种"，这时正是农事繁忙季节。

小暑、大暑　暑者，热也。开始炎热称小暑（"小者，未至于极也"）。最热的时候称大暑（"大者，乃炎热至极也"）。故民间谚语说："小暑不算热，大暑三伏天。"

处暑　处者，止也。表示炎热的天气（暑气）将于此时而止。

白露 表示气温下降，天气转凉，水土湿气凝而为露。"白者，露之色也"（陈希龄语）。

寒露 表示气温更低，水土湿气凝而为露，先白而后寒。

霜降 表示天气转寒，夜间出现霜冻。

小雪、大雪 入冬之后天气寒冷，开始下雪，但犹未盛，称小雪；日久雪由小至大，称大雪。

小寒、大寒 指一年之中最冷的季节。冬至过后，开始寒冷称小寒，最冷时节称大寒。（陈希龄云："冷气积久而为寒。小者未至于极也。""大者，乃栗烈之极也。"）此二气与小暑、大暑相隔正好半年。

为了帮助人们对二十四节气的记忆，现将民间流行的一首口诀抄录于下：

春（立春）雨（雨水）惊（惊蛰）春（春分）清（清明）谷（谷雨）天，

夏（立夏）满（小满）芒（芒种）夏（夏至）暑（小暑、大暑）相连。

秋（立秋）处（处暑）露（白露）秋（秋分）寒（寒露）霜降，

冬（立冬）雪（小雪）雪（大雪）冬（冬至）小（小寒）大寒。

上半年交六、廿一，下半年交八、廿三。

每月节气日期定，顶多只差一两天。

二十四节气最先是江淮地区人民的农事活动的经验总

结。年长日久，这个经验便传遍了长城内外和黄河上下及大江南北。我国各地的劳动人民根据本地区的气候和农业特点，编出了指导本地农业生产活动的二十四节气谚语或歌谣。比如种麦的谚语：黄河中下游是"寒露到霜降，种麦日夜忙"；而新疆北部是"立秋早，寒露迟，白露种麦正当时"；甘肃陇南地区是"白露早，寒露迟，秋分种麦正当时"；长江中下游是"霜降种麦正当时"；江浙一带则更晚了："大麦不过年，小麦立冬前。"

二十四节气是由地球绕太阳公转所决定的。它的推算方法最初是把一个回归年的时间长度均分二十四等分，每等分为 $15\frac{7}{32}$ 日（计算式是：$365\frac{1}{4}\div 24 = 15\frac{7}{32}$）。这就是一个节气的时间长度。从冬至开始，每过 $15\frac{7}{32}$ 日 就交一个新的节气。

我国的二十四节气就是按照这个办法，以《历术甲子篇》"元年，岁名焉逢摄提格，月名毕聚，日得甲子，夜半朔旦冬至，正北，十二，无大余，无小余；无大余，无小余"为章首之岁而推定的。四分历术以十九年七闰（235月）为一章，四章（76年）为一蔀，二十蔀为一纪。所谓"甲子篇"就是指二十蔀中的第一"甲子蔀"。首日为甲子，甲子的干支数次为"0"。"元年"即甲子蔀第一年。"岁名焉逢摄提格"就是说这年的干支是甲寅（这里史迁用了干支的别名）。"月名毕聚"是说该历建子为正——十一月为正月（《尔雅·释天》："月在甲曰毕。"聚，始也。十二地支以"子"为始）。"日得甲子"即甲子首日为甲子。"夜半朔旦冬至"即这天夜半子时零点零分合朔，冬至的交节时刻同在这个时候。"旦"是后人妄加无意义，应予删去；"正北"就是子正，亦即此日黄昏"斗柄悬在下"，指正北。"十二"是说这年是平年，不闰，为十二个月。"无大余，无小余；无大余，无小余"前一个大余是指朔日的干支数次，小余是合朔时刻（以分数计，分母是940）；后一个大余是指冬至日的干支数次，小余是交气时刻（以分数计，分母是32）。"无大余""无小余"的"无"就是"0"。

《历术甲子篇》从太（泰）初元年为起始顺次排出了1—76年为一蔀的朔闰与气余，并列出了第二蔀（癸卯蔀）首年的朔闰与气余："商横敦牂七十七年，正北，十二，大余三十九，无小余；大余三十九，无小余。"这就告诉我们："三十九"即是二十蔀每蔀朔日之"余"，也是每蔀冬至之"余"。据《历术甲子篇》所提供的数据，我们可以列出三个表，即《一甲数次表》、《二十蔀蔀余表》和《甲子蔀子月朔闰气余表》（如前）。运用这三个表，我们可以推出任何一年的朔闰和二十四节气。不过，这样推出的朔是平朔（或经朔，亦如前说），所推出的二十四节气也是平气。

以推"人正乙卯元"之"颛顼历"的"历元近距"为例，董作宾《殷历谱》云："殷历天纪甲寅元第十六蔀第一章天正己酉朔旦冬至为其测定行使之时，其第六十二年乙卯岁正月甲寅朔旦立春，颛顼历以为近距之元。"殷历天纪甲寅元第十六蔀第一章首岁是甲寅年，即公元前427年，其第六十二年乙卯岁，则是公元前366年（427－62＋1＝366）。试看公元前366年正月朔日是否是甲寅，当日早晨是否"立春"？

427－366＝61

$61 \div 76 = 0 \cdots\cdots 61$（算外加1，为62）

该年入（16+0=16）己酉蔀第62年

查《二十蔀蔀余表》：16己酉蔀余为45

查《甲子蔀子月朔闰气余表》：第62年前大余6，小余246

后大余20，小余8

（前大余）6+（己酉蔀蔀余）45=51

（后大余）20+（己酉蔀蔀余）45=65

满一甲，减60：65-60=5

查《一甲数次表》：51为乙卯，5为己巳，即公元前366年前子月乙卯246分合朔，己巳8分交冬至。

根据朔策（每月$29\frac{499}{940}$日）和每一个节气的时间长度

（$15\frac{7}{32}$日）

我们可以推出：

丑月甲申　745分合朔

寅月甲寅　304分合朔

304分化为现代时刻为：

304：940=x：24

x=7.410638（小时）

即7点42分6秒。

推算结果为公元前366年（寅月）甲寅7点42分6秒合朔，同日甲寅21点45分立春（$\frac{29}{32} \times 24 = 21.75$小时），完全符合建寅为正的"人正乙卯元"其"正月甲寅朔，旦立春"为"历元近距"的要求。

以上我们推的朔是平朔，是以月亮圆缺的周期，即以一个朔望月为周期来计算的。朔策为$29\frac{499}{940}$日，是阴历；而所推的气（平气），则是以一个回归年的长来计算的，岁实为365.25日，是阳历。阴历和阳历的差日，平均每年为4.25日（365.25−354＝4.25）。

为了使得用以推朔的阴历和用以推气的阳历两者产生的这种差日协调起来，古人用了置闰的办法，即在失气的那个月前设置一个闰月。但尽管这样，我们推出的朔闰仍与实际天象存在着十分微小的差异。因为实测的月实不是$29\frac{499}{940}$日，而是29.530588日；平朔比实朔每月多出0.00026306日，经计算，即307年就多出一天，每年多出3.06（我们称为浮分）。实测的岁实也不是365.25日，而是365.24219日，一年相差0.00781日（365.25−365.24219＝0.00781）。多少年相差一天呢？经计算：1÷0.00781＝128（年），即128年就相差一天。而我们所推的平气是以32分为一日的，这样：32÷128＝0.25（分）即每年也就浮出0.25分。因此，我们在推算实际天象时，应以公元前427年为"行使之时"的标准年，推朔和推气（冬至）一样，推算公元前427年以前时，推朔要加上每年的浮分3.06分；推气（冬至）要加上每年的（气）浮分0.25分。推公元前427年以后的实际天象时，则要减去它们每年各自的浮分（总的原则是前加后减）。但应强调说明的是：元代郭守敬创制的《授时历》定每年的岁实为365.2425日，这个数据与现今世界各国通用的公元历——即格里历所用的回归年长度是相同的。因此，为了更准确地得到与今天日历记载相一致的推算结果，我们在推算元代以后的节气时，应以现今通用的岁实365.2425日为依凭。这样岁实365.25日比现今通用的岁实365.2425日，每年就只多出了0.0075日，即133年多出一天〔算法是1÷（365.14－365.2425）＝133〕，每年的浮分为0.24分（32÷133＝0.24）。

以推公元1987年冬至为例，为简便起见，我们可以把推算点定在1988年。

具体推法是：

（1988＋427）÷76＝31……59

是年入（16＋31＝47；47－20×2＝7）戊午蔀第59年。

查《二十蔀蔀余表》第7戊午蔀蔀余为54

查《甲子蔀子月朔闰气余表》：第59年前大余53，小余583；后大余4，小余16

$$（1988＋427）\times 3.06 \div 940 = 7\frac{809}{940}（日）$$

$$（1988＋427）\times 0.24 \div 32 = 18\frac{3}{32}（日）$$

是年后天，当减：

$$53\frac{583}{940} + 54 - 7\frac{809}{940} = 99\frac{714}{940}；满一甲，减60，为：$$

$$99\frac{714}{940} - 60 = 39\frac{714}{940}$$

$$4\frac{16}{32} + 54 = 18\frac{3}{32} = 40\frac{13}{32}$$

查《一甲数次表》：39为癸卯，40为甲辰即公元1988年前子月（1987年11月）癸卯714分合朔，甲辰13分交冬至。十一月初一日癸卯，初二便是甲辰。我们查1987年日历，这年冬至确实是阴历十一月初二，与我们的推算完全吻合。

又如《红楼梦》第二十七回写到宝钗扑蝶，黛玉葬花，那天是"四月二十六日　交芒种节"。芒种过后便是夏至，这时众花将谢，花神退位，按习惯这天要祭饯花神，所以才有黛玉葬花之举。经推算这天是公元1736年阴历四月二十六日。这天是否交芒种节？我们来验证一下：

（1736＋427）÷76＝2163÷76＝28……35

是年入（16＋28－20×2＝4）辛酉蔀第35年

查《二十蔀蔀余表》：第4辛酉蔀蔀余为57

查《甲子蔀子月朔闰气余表》：第35年前大余42，小余900；后大余58，小余16

（1736＋427）×3.06÷940＝$7\frac{38}{940}$（日）

（1736＋427）×0.24÷32＝$16\frac{7}{32}$（日）

是年后天，当减：

$42\frac{900}{940}＋57－7\frac{38}{940}＝92\frac{862}{940}$；满一甲，减60：

$92\frac{38}{940}－60＝32\frac{862}{940}$

$58\frac{16}{32}＋57－16\frac{7}{32}＝99\frac{9}{32}$；满一甲，减60：

$99\frac{9}{32}－60＝39\frac{9}{32}$

查《一甲数次表》：32为丙申；39为癸卯

即公元1736年前子月丙申862分合朔，癸卯9分交冬至

据此，我们推出：

丑月丙寅421分合朔　戊午16分小寒　癸酉23分大寒

寅月乙未920分合朔　　戊子30分立春　甲辰5分雨水

卯月乙丑479分合朔　　己未12分惊蛰　甲戌19分春分

辰月乙未38分合朔　　己丑26分清明　乙巳1分谷雨

巳月甲子537分合朔　　乙亥15分小满　庚寅22分芒种

……

巳月就是夏历四月。甲子537分合朔，化作现代的时刻则为：

537：940＝x：24

$x = 537 \times \dfrac{24}{940} = 13.71$（小时），亦即13点42分6秒。合朔日刻超过半天，历家视为一天。这样甲子537分合朔就可以视为乙丑零时合朔。

查《一甲数次表》：乙丑的干支数次是1，庚寅（芒种节）的干支数次是26

26－1＋1＝26

庚寅（芒种节）是四月二十六日。推算结果证明公元1736年四月二十六日交芒种节完全不错。

从前子月的合朔时刻（丙申862分）到是年所求之月（巳月）的合朔时刻，相距是5个月；从前子月冬至的交节时刻（癸卯9分）到是年所求之气（芒种）的交气时刻，相距是11个节气。这样，我们可以把上面的推算简化为两个公式：

1. 前子月合朔时刻（日干支用干支数次）加朔策$29\dfrac{499}{940}$日乘相距之月数所得之积，满一甲减60，最后所得之数即为所求之月的合朔时刻，例：

为：

$$32\frac{862}{940}+29\frac{499}{940}\times5=180\frac{537}{940}；满三甲，减180，$$

$$180\frac{537}{940}-180=\frac{537}{940}\quad 省去分母940，即0.537就是巳$$

月的合朔时刻。查《一甲数次表》："0"为甲子的干支数次。即得夏历四月（巳月）甲子537分合朔。

2. 冬至交节时刻（日干支用干支数次）加二十四节气每段的时间长度（$15\frac{7}{32}$日）乘相距的节气之数所得之积，每满一甲则减60，最后所得之数即为所求之节气的交气时刻。例：

$$39\frac{9}{32}+15\frac{7}{32}\times11=206\frac{22}{32}；满三甲则减180，为：$$

$$206\frac{22}{32}-180=26\frac{22}{32}，省去分母32即为26.22$$

这就是所求节气芒种的交气时刻。

查《一甲数次表》：26为庚寅的干支数次。即得夏历四月（巳月）二十六日庚寅22分交芒种节。

倘我们以实测天象每年的浮分差0.25分，而不是以现今通用的岁实的浮分差0.24分来计算，那么：

（1736+427）×0.25＝540.75

$$540.75\div32=16\frac{29}{32}\quad 冬至的交气时刻为：$$

$$58\frac{16}{32}+57-16\frac{29}{32}=98\frac{19}{32}；满一甲，减60：$$

$$98\frac{19}{32}-60=38\frac{19}{32}$$

则芒种节的交气时刻为：

$$38\frac{19}{32}+15\frac{7}{32}\times11=206；满三甲，减180：206-180=$$

26·0（注："·"是隔点，不是小数点，下同）

查《一甲数次表》：26为庚寅的干支数次

即夏历四月（巳月）庚寅零点零分交芒种节

（庚寅）26·0－（甲子）0·537＝25·403

从巳月甲子537分合朔到庚寅0分交芒种节，相距刚好二十五天。25＋1＝26，因此公元1736年"四月二十六日交芒种节"完全符合实际天象。

以上推算证明《红楼梦》第二十七回写的"四月二十六日交芒种节"（宝钗扑蝶、黛玉葬花那天）的确是在公元1736年。

关于闰月的设置，前面已经说过，古人置闰是为了将回归年的时间长度$365\frac{1}{4}$日，同一年十二个朔望月的时间长度354日补齐。回归年和朔望月的时间长度，一年相差$11\frac{1}{4}$日（$365\frac{1}{4}-354=11\frac{1}{4}$）。这样，三年就相差$33\frac{1}{4}$日，即一个多朔望月。因此，古人确定三年或两年一闰。四分历术明确为十九年七闰（235个朔望月）为一章……

闰在何月？远古时，置闰均在末月，即一年中最后的一个月，故有"闰在岁末"之说。以后历术转精，由二十四节气的中气来决定置闰与否。某月失气，即置闰月予以补上，使当月的中气不致跑到下月份去。例如，我们翻阅1990年的历书，发现这年的阴历有个闰五月。阴历五月为何置闰。我们不妨用四分历术（《史记·历术甲子篇》所提供的这套技术）来试推一下：

（1990＋427）÷76＝2417÷76＝31……61

16＋31＝47，47－20×2＝7

查《二十蔀蔀余表》：7为戊午蔀，蔀余是54

查《甲子蔀子月朔闰气余表》：第61年前大余11，小余838；后大余15，小余0

54＋11＝65；满一甲，减60：

65－60＝5

54＋15＝69；满一甲，减60：

69－60＝9

查《一甲数次表》：5是己巳的干支数次；9是癸酉的干支数次

即公元1990年前子月（亦即1989年11月）的经朔是己巳838分合朔；平气的冬至是癸酉0分交气。

求其实朔和实气，则应是后天当减去它们每年的朔差3.06分和气差0.24分（或0.25分）：

（1990＋427）×3.06＝7396（分）

（1990＋427）×0.24＝580（分）或（1990＋427）×0.25＝604（分）

则实朔为：$65\frac{838}{940} - \frac{7396}{940} = 58\frac{22}{940}$

实气为：

$69 - \frac{580}{32} = 50\frac{4}{32}$

即公元1990年前子月（亦即1989年11月）的实朔是壬戌22分合朔；甲寅28分或4分交冬至。（查《一甲数次表》：58是壬戌的干支数次；50是甲寅的干支数次）

据此，我们排出1990年各月的朔和交气时刻：

1989年11月壬戌（58）　22分合朔

甲寅（50）　28分或4分交　冬至

12月辛卯（27）　521分合朔

庚午（6）　3分或己卯（5）11分　小寒

乙酉（21）　10分或甲申（20）18分　大寒

1990年正月辛酉（57）　60分合朔

庚子（36）　17分或己亥（35）25分　立春

乙卯（51）　24分或乙卯（51）0分　雨水

二月庚寅（26）　559分合朔

庚午（6）　31分或庚午（6）7分　惊蛰

乙酉（21）　14分或丙戌（22）6分　春分

三月庚申（56）　118分合朔

辛丑（37）　13分或庚子（36）21分　清明

丙辰（52）　20分或乙卯（51）28分　谷雨

四月己丑（25）　617分合朔

辛未（7）　27分或辛未（7）7分　立夏

丁亥（23）　2分或丙戌（22）10分　小满

五月己未（55）　176分合朔

壬寅（38）　9分或辛丑（37）17分　芒种

丁巳（53）　16分或丙辰（52）24分　夏至

六月戊子（24）　675分合朔

壬申（8）　23分或辛未（7）31分　小暑

丁亥（23）　30分或丁亥（23）6分　大暑

七月戊午（54）　234分合朔

癸卯（39）　5分或壬寅（38）13分　立秋

戊午（54）　12分或丁巳（53）20分　处暑

八月丁亥（23）　733分合朔

癸酉（9）　19分或壬申（8）27分　白露

戊子（24）　26分或戊子（24）2分　秋分

"中气"必须居当月之中，不能跑到它的下一个月去。这是制历的原则，是不能违背的。现在我们检查一下我们的推算结果，看是否有中气跑到下一个月去的情况？如果有，则当置闰，正月的朔是辛酉（57）22分合朔，是小月。其"中气"雨水是乙卯（51）。则：

51＋29－57＋1＝24，即正月二十四日是雨水。

二月的朔是庚寅（26）559分合朔，是大月。其"中气"春分是乙酉（21）或丙戌（22），则21＋30－26·559＋1＝25·381；即二月二十五日是春分。

三月的朔是庚申（56）118分合朔，是小月。其"中气"谷雨是丙辰（52）或乙卯（51），则51＋29－56＋1＝25；即三月二十五日是谷雨。

四月的朔是己丑（25）617分合朔，是大月。其"中气"小满是丁亥（23）或丙戌（24），则22＋30－25·617＋1＝27·323；即四月二十七日是小满。

五月的朔是己未（55）176分合朔，是小月。其"中气"夏至丁巳（53）16分或丙辰（52）24分交气。则：

$$53\frac{16}{32}＋29－55＋1＝28\frac{16}{32}≈29；$$即五月二十九日是夏至。

六月的朔是戊子（24）675分合朔，是大月。其"中气"大暑是丁亥（23）30分交气。则：

$23\dfrac{30}{32}+30-24+1=30\dfrac{30}{32}\approx31$；即六月三十一日是大暑，可是阴历（朔望月）每月顶多只有三十天，这样，六月的中气大暑就跑到七月份去了。为了使六月的中气大暑不致跑到七月份去，于是星历家便设闰五月。这样一来其"六月"就成了闰五月。而"七月"（申月）就成了六月了。其"六月"的合朔时刻原为戊子675分合朔，星历家们将"六月"改为闰五月，并以小月计，这样其"中气"大暑便是六月初二了。这也就是1990年闰在夏历五月的原因。我们翻出1990年的历书一对照，发现我们用古代四分历术推出的该年各月中气的交气日期，与历书所载完全吻合。

月相与金文历朔的推算

通过历史文献和青铜铭器上的历朔推算及考古研究等手段来解释历史事件，如西周王年的断代问题，已成为广大历史文化学者们所熟悉和运用的一套基本方法。其中尤其是对青铜铭器的历朔推算，特别是对"王年、月、日、月相"纪日干支完备的标准铭器的历的推算，更是决断其绝对年代的最佳方法。其精确性和科学性是任何别的方法都无法取代的。

如周厉王在位年数，我们根据《师𧊒》："隹元年正月初吉丁亥。"《师兑𧊒》："隹元年五月初吉甲寅。"和《鲜𧊒》："隹卅又四祀，隹五月既望戊午。"及《师𧊒》："隹元年二月既望庚寅。"等推得厉王在位37年（公元前878—前841年），与《史记》所载厉王三十四年弭谤，继之三年奔彘而亡的总年数完全吻合。而"诸家所订就有16年（夏含夷）、18年（倪德卫、周法高）、24年（何幼琦）、30年（荣孟源、赵光贤）、37年（黎东方、白川静、马承源）、40年（谢元震）等多种说法。而每一种说法的背后都有金文历日材料作支持"（杜勇、沈长云：《金文断代方法探微》，人民出版社，2002年版，第239页），似乎都有根有据，当可凭信。然厉王在位年数正确的结论只会有一个（37年）。以上诸家所订，既然"都有金文材料作支持"，为何会有如此之大的分歧呢？归结其原因，主要有二：一是月相定点有问题；二是推算方法不科学。关于晦、朔、初吉、既死霸、旁死霸、哉生霸、朏、望、既生霸、既望、旁生霸等月相及其定点问题，前人早有解说。西汉著名学者刘歆《世经》云：朔日为既死霸；二日为旁死霸；三日曰朏；十五为望，即哉生霸；十六为既望；十七为旁生霸。除十五为哉生霸和十七为旁生霸有误外，其余均是对的。清代学者俞樾在其《生霸死霸考》一文中，对月相问题做了较为详细的考订，他认为：晦日为死霸；朔日，初一，为既死霸；二日为旁生霸；三日为哉生霸，亦曰朏；十五为望，亦为既生霸；十六为旁生霸；十七为既旁生霸。俞樾强调：哉生霸为初三日。他说"三日曰朏"是"月始生之日"，并引《乡饮酒义》"月三日则成魄（霸）"和《白虎通·日月篇》"三日成魄，八日成光"为证，纠正了刘歆"十五为哉生霸"的错误。

此后先师张汝舟先生通过对金文历朔的科学推算，对俞樾的月相定点说做了进一步的订正和补充，使之更加科学和完善。张先生说："生魄（霸），月球受光面；死魄，月球背光面。"它们都不是月相，只有"既生霸""既死霸"等才是月相。"既死魄者，合朔在那个时刻，人们看见月球是全部背光面，全黑色，所以叫'朔'"。既死霸、朔、初吉，为初一；旁生霸为初二；哉生霸、朏，为初三；既生霸、望，为十五；既望、旁生霸（旁既生霸之省），为十六；既旁生霸为十七（以上见《二毋室古代天文历法论丛》，浙江古籍出版社，1987年版）。

倘按俞樾并经张汝舟先生订正的月相定点指日说以及张氏在破解《史记·历术甲子篇》的基础上所建立的四分历术推算法来推算夏商周青铜记历铭器和历史典籍所载历日的

年代，其结果均与实际天象一一密合。然王国维等不了解宋、齐星历家何承天、祖冲之关于"四分历久则后天，三百年辄差一日"的说法，也不了解刘歆所用的孟统又晚去天象一日的情况，因此，他们根据刘歆三统历（孟统）所提供的推算方法来推算铭器历朔，则往往与实际天象不合，犹如唐代星历家僧一行所言："三统历自太初至开元朔后天三日。推而上之以至周初，先天之失之，盖益甚焉。"（《新唐书·历志·大衍历议》）因此而怀疑是月相定点指日有问题，于是便做起了"月相四分"的文章。王国维在其亦题名《生霸死霸考》（见《观堂集林》卷一，中华书局，1959年版）的文章中说："余览古器物铭，而得之古之所以名月者凡四：曰初吉、曰既生霸、曰既望、曰既死霸。古者盖分一月之日为四分：一曰初吉，谓自一日至七八日也；二曰既生霸，谓自八九日以降至十四五日也；三曰既望，谓十五六日以后至二十三日；四曰既死霸，谓二十三日以后至于晦日也。"又说："若更欲明定其日，于是有哉生魄、旁生霸、旁死霸诸名。哉生魄之为二日或三日……既生霸为八日，则旁生霸为十日，既死霸为二十三日，则旁死霸为二十五日……哉生魄、旁生霸、旁死霸各有五日若六日。"并说："初吉、既生霸、既望、既死霸各有七日或八日"，"而第一日亦得专其名"等。王氏这个"一月四分说"一出，便成了在金文铭器历日推算上，被刘歆三统历所惑的一些学者，弥合其推算往往与实际天象（金文记历）不合的"法宝"，而被奉为"极富真知灼见"，"有其重要的学术价值"。此后，尽管赵曾俦、刘朝阳、董作宾等人，曾对王氏的"月相四分说"提出质疑，也"觉王说无一是处"（董作宾《四分一月说辨正》），但由于他们在具体推算上尚未发现刘歆之法的非严密性，加之又受了铭器同类比较法（类型说）的迷惑，其推算结果亦往往与实际情形不合，于是他们便既承认俞樾关于月相定点指日的大部分观点，又重复了王国维初吉、既生霸、既望、既死霸等月相四分和"定日分段"的部分错误，如董作宾《周金文中生霸死霸考》把旁生霸、既望定为十六、十七、十八日；陈梦家《西周铜器断代》和黄彰建《释〈武成〉与金文月相》将既生霸定为十二、十三日或十六、十七日，将旁死霸定为十七或十八日；刘启益《西周金文中月相词语的解释》将初吉定为初二或初三，将既望定为十六或十七、十八日。而劳干《周初年代问题与月相问题的新看法》则将初吉定为初一至初三（可能到初四日），将既生霸定为初四至初六（可能到初七日），将既望定为十四至十六日（可能到十七日），将既死霸定为十九至二十二日（可能到二十三日）；如此等等。致使本来十分科学的月相定点指日问题，变得众说纷纭，模糊不清了。

王氏提出"月相四分"和"定日分段"说，否认月相定点指日说，所造成的混乱和错误是显而易见的。如《汉书·律历志·世经》引《周书·武成》云："惟四月既旁生霸，粤六日庚戌，武王燎于周庙，翌日辛亥，祀于天位，粤五日乙卯，乃以庶国祀馘于周庙。"按照俞樾等人的月相定点指日说，则"既旁生霸"是四月十七，"粤六日庚戌"是四月二十三，"翌日辛亥"是四月二十四，"粤五日乙卯"是四月二十九。若以王国维的"月相四分"之时段说，"既生霸谓自八九日以降至十四五日"，"旁者溥也，义进于既。以古文《武成》差之，如既生霸为八日则旁生霸为十日……"推之，则"四月既旁生霸"为四月十二降至四月十九日，如此，则"粤六日庚戌"可为四月十八至四月二十六日，"翌日辛亥"可为四月十九至四月二十六日，"粤五日乙卯"可为四月二十四日至下（五）月的初一或初二。明明是一个月的月相纪日却变成了前后两个月的事，可见王氏"月相四分"之说还有何科学性可言？

初吉即月朔，这在汉代以前的古人是非常明确的。《诗经·小雅·小明》："二月初吉，载离寒暑。"毛传："初吉，二月朔日也。"郑笺与孔疏俱同。又《国语·周语上》："先时九日，太史告稷曰：'自今至于初吉，阳气俱蒸，土膏其动。'"韦昭注："先，先立春日也。"又注："初吉，二月朔日也。"又《春秋》王子钟云："惟正月初吉元日癸亥。"元日自然就是月朔初一。因此，初吉为月朔初一，当无疑矣！然王国维认为："初吉谓自一日至七八日也。"他以《静》"惟六月初吉，王在䔧京，丁卯，王命静司射学宫……零八月初吉庚寅，王以吴吕……射于大池，静学无斁"和《彝》"惟六月初吉，王在郑；丁亥，王格大室"及《敦》"惟二年正月初吉，王在周邵宫，丁亥，王格于宣榭"为据，说三器"初吉皆不日，至丁卯，丁亥乃日者，明丁卯、丁亥皆初吉中之一日"（《生霸死霸考》）。然以《静敦》为例，此器吴其昌、董作宾、张汝舟诸人均订为厉王三十五年至三十六年（公元前844—前843年）之物。

经推算是年（公元前844年）建丑，子（冬至）月庚午214分朔，丑月己亥713分朔，寅月己巳272分朔，卯月戊戌771分朔，辰月戊辰330分朔，巳月丁酉829分朔，午月（六月）丁卯388分朔，未月丙申887分朔，申月（八月）丙寅446分朔……

张闻玉先生推断说：从厉王三十五年（公元前844年）六月丁卯到厉王三十六年（公元前843年）八月庚寅，其间十五个月八大、七小，计443日。干支纪日逢60去之，余23。丁卯去庚寅23日（《西周王年论稿》第14～15页，贵州人民出版社，1996年版），与实际天象密合。因此，董作宾和张闻玉等人考订，此器"其铭文涵（厉王）前后二年之事"（董氏语）。如果我们视铭器制作者将该年八月初吉"丙寅"（申月丙寅446分朔），误记为"庚寅"，或取"庚寅乃吉"之义，亦未尝不可。但不管怎么说，初吉即朔日初一，俞樾等人的"月相定点指日"说是不可动摇的，王氏"月相四分说"不能成立。又如《令方彝》："佳八月，辰在甲申，王命周公明保尹三事四方，受卿事寮（僚），丁亥，命矢告于周公宫……佳十月月吉癸未，明公朝至于成周……既咸命，甲申，明公用牲于京宫，乙酉用牲于康宫。"其中的"辰"就是日月交会之时，就是合朔时刻。八月朔甲申，九月朔则大月为甲寅，小月为癸丑（根据十月朔即月吉癸未，逆推知九月朔日当为癸丑），甲申为八月初一，则"丁亥"为八月初四；"十月月吉（即朔日）癸未"，则"甲申"为十月初二，"乙酉"为十月初三。倘"初吉"癸未不是月朔初一，即不定指一日，而是一个时间段（王氏所谓的一至七八日），则甲申、乙酉为何日，将无所归依，世界上岂有这种含糊不明的叙事纪日铭文？实在令人难以置信。

一些迷信王氏"月相四分"说的学人，以《令方彝》

"隹八月辰在甲申……隹十月月吉癸未"和《善鼎》"隹十又一月初吉辰在丁卯"为据，否认"初吉"即月朔和"辰"即月朔的说法。认为"所谓'辰'为朔日，无非是从初吉必须定点为朔推论出来的"，并说在一器之中，如《善鼎》铭云："'隹十又一月初吉，辰在丁卯'，已先言朔日初吉，为何又言朔日丁卯？"岂不是"在光宗耀祖的宝器上赘其蛇足"（杜勇、沈长云《金文断代方法探微》，第197页）？其实，"辰"为月朔、初吉的概念，并不是"从初吉必须定点为朔推论出来的"。"辰"是古代天文历法中的一个常用术语，即日月交会之意。《尚书·尧典》"历象日月星辰"注："辰，日月所交会之地也"。《释文》曰："日月所会，谓日月交会于十二次也。"《胤征》："辰弗集于房。"孔传："辰，日月所会。"孔颖达疏："辰为日月之会。日月俱右行于天，日行迟，月行疾。日，每日行一度；月，日行十三度十九分度之七。计二十九日过半，月已行天一周，又逐及日而与日聚会。谓此聚会为辰。一岁十二会，故为十二辰，即子丑寅卯之属是也。"《左传·昭公十七年》："公曰：'多语寡人辰而莫同。何谓辰？'对曰：'日月之会是谓辰。'"杜预注："一岁日月十二会，所会谓之辰。"《国语·周语下》："辰在斗柄。"韦昭注："辰，日月之会。"《辞源》和《汉语大字典》均说："辰指日月的交会点。即夏历一年十二个月的月朔时，太阳所在的位置。"因此，朔和辰，当是同一概念。《善鼎》铭文："隹十又一月初吉，辰在丁卯。"翻译成现代文就是："十一月初一，日月交会之时（即合朔时刻）为丁卯。"这是着重强调"宝器"纪日的庄重、严肃，岂有"赘其蛇足"

之嫌？！

有人以铭器的形似（所谓"同器类比法"）来定年代，这是非常靠不住的。因为有的铭器，其形制和铭文貌似相同相似，实则并非同属一个年代，如：《簋》"隹六月初吉乙酉，才堂师"与《鼎》"隹九月既望乙丑，才堂师"。有人就把它们定为同一王世的同年之物。经我们推算：《簋》的"六月初吉"是"乙酉"，则其九月初吉当是"甲寅（大月）"或"癸丑（小月）"；而《鼎》"九月既望"是"乙丑"，则其朔日（初吉）必是"庚戌"。因此可以肯定二器并非是同年之物。而有人竟以二器"内容互有关联，事件同地发生，日辰先后衔接"而将此二器定为穆王同年之器，进而以《鼎》九月朔有庚戌、己酉、戊申三种可能……逆推六月月朔可以分别是壬午、辛巳、庚戌、己卯，则"初吉乙酉"相应为六月初四、初五、初六、初七，从而做出了"金文中的初吉并非固定在朔日一天"的错误结论（《金文断代方法探微》，第179页）。又如《此鼎》"隹十又七年十又二月既生霸乙卯，王在周康宫宫"，《攸从鼎》"隹卅又一年三月初吉壬辰，王在周康宫宫"，《吴虎鼎》"隹十又八年十又三月既生霸丙戌，王在周康宫宫，导入右吴虎，王命膳夫丰生、司空雍毅，（申）刺（厉）王命"。因三器均有"王在周康宫宫"等铭文，有人就以"同器类比"的原则将三器定为宣王世器。然我们根据三器铭文记历推算，定《此鼎》为穆王十七年（公元前990年）之物；《攸从鼎》为厉王三十一年（公元前848年）之物。可见三器并非同为一个王世之物。同样我们不能凭《克鼎》"隹十又六年九月初吉庚寅王在周康剌宫"、《克盨》"十又八年十有二月初吉庚寅，王在周康穆宫"、《颂鼎》"隹三年五月既死霸甲戌，王在周康昭宫"、《盘》"隹廿又八年五月既望庚寅，王在周康穆宫"四器铭文均有"王在周康×宫"等字眼，就断定它们是同一王世之器。我们经推算考订《克鼎》为宣王十六年即公元前812年之物；《克盨》为宣王十八年即公元前810年之物；《颂鼎》为厉王三年即公元前876年之物；《盘》为宣王二十八年即公元前800年之物。四器并非同是一个王世之物。因此，用器型同类法来断定铭器王世是靠不住的。要知道像"周康宫""周康宫宫""周康×宫"之类的建筑物，它是跨时代的，不因尧存，不因桀亡。因此，用器型类比法来断代实际上是很不科学的。

近年，夏商周断代工程组用刘歆三统术和王国维"月相四分"说推算西周铭器历朔又往往与铭器所载不合，他们为了解决在铭器历日推算上出现的尴尬，于是便对金文月相用语进行了新的界定和归纳：1. 初吉，出现在初一至初十；2. 既生霸、既望、既死霸顺序明确，均为月相，"既"表已经，"望"即满月，"霸"指月球的光面；3. 既生霸：从新月初见到满月；4. 既望：满月后月的光面尚未显著亏缺；5. 既死霸：从月面亏缺到月光消失。（夏商周断代工程专家组：《夏商周断代工程1996—2000年阶段成果报告（简本）》，世界图书出版公司，2000年版，第35～36页）这样一来，问题似乎解决了，然而用他们的这个"新论"来推排金文月相，则往往矛盾百出，不能自圆其说。如断代工程组将《走簋》"既望庚寅"定在三月二十三日，将《休盘》"既望甲戌"定在正月二十三日。而这时月球的受光面，已是下弦（其光面已明显亏缺），这与其月相新论"既

望，满月后月的光面尚未显著亏缺"的定义显然相悖。又如
工程组将"既死霸"定义为"从月面亏缺到月光消失"，而
《伯父盨》"八月既死霸辛卯"其《西周金文历谱》却定在
八月二十日，将《周书·武成》"惟一月壬辰旁死霸"亦定
在正月二十日。如此，按其"顺序明确"之要求，则既死霸
当在二十日（旁死霸）之前。可在这里，工程组的《西周金
文历谱》却将"既死霸"与"旁死霸"定在了同一天。又如
《武成》"二月既死霸，粤五日甲子"其《历谱》以武王元
年（公元前1046年）"二月癸卯朔"，定"甲子"为二十二
日，即将这月的"既死霸"定在了二月十八日（22－5＋1＝
18）。这就意味着"既死霸"始于十八日而至月底，与"既
望"始于十六日而至二十三日，两者又发生了六七天的重
叠，如此等等。可见断代工程组用这种月相"新论"来安排
《西周金文历谱》进行西周考年，其结论很难说是"最权
威""最科学"的了。

杂节气简介

　　除二十四节气外，我国古代劳动人民在生活与生产活动中，还常用一些简要的词语表示冷、暖、干、湿等气象与时令关系，如三伏、九九等，我们称它为杂节气。这些杂节气补充了二十四节气的某些不足，在人们的生活与生产实际中，起着一定作用。现对一些主要的杂节气，简要介绍于下：

（一）三伏

　　伏者隐蔽。《广雅·释诂四》："伏，藏也。"伏天、伏日是指夏至后第三个庚日起至立秋后第二个庚日前一天为止的一段时间，分为初伏、中伏、末伏或头伏、二伏、三伏，统称三伏。《广韵·屋韵》："伏，《释名》曰：伏者何？金气伏藏之日。金畏火，故三伏皆庚日。"三伏大抵相当于阳历的七月中旬至八月下旬，是一年中最热的日子。夏至后第三个庚日叫头伏或初伏；第四个庚日叫二伏或中伏，立秋后第一个庚日（夏至后的第五个庚日）叫三伏或终伏，或末伏。

　　所谓庚日是干支纪日逢"庚"的日子，六十甲子，每隔十天就有一个庚日，一个甲子周期有六个庚日。

　　据现有文献记载，三伏起于秦代。《史记·秦本纪》："（德公）二年，初伏。"张守节正义："六月三伏之节，起秦德公为之，故云初伏。"

（二）九九

九九指一年中较冷到最冷又回暖的那些日子。大约是阴历的十一月、十二月到正月下旬这段时间。它九天为一个时段，从冬至日起开始计九，冬至日进一九，以后顺次为二九、三九、四九、五九、六九、七九、八九、九九。共计八十一天，即所谓数九寒天，九尽寒尽。《五灯会元》卷五十五云："一九与二九，相逢不出手。"《镜花缘》第六十四回："一日，正值腊月三九时分，天气甚寒。"可见民间所言"热不过二伏，冷不过三九"确实不假。

怎样衡量每一个"九"的寒冷程度呢？黄河中下游地区流传的民间谚语是："一九二九不出手，三九四九河上走，五九六九沿河看柳，七九河开（河解冻），八九雁来，九九耕牛遍地走。"江南地区比北方暖和，其民间谚语云："一九二九相见弗出手，三九二十七篱头吹觱篥，四九三十六夜晚如鹭宿，五九四十五太阳开门户，六九五十四贫儿争意气，七九六十三布衲担头担，八九七十二猫儿寻阳地，九九八十一犁耙一齐出。"

在古代除了冬有九九，夏也有九九，宋代周遵道《豹隐记谈》载有夏至后的《九九歌》云："一九二九扇子不离手，三九二十七吃茶如蜜汁，四九三十六争向路头宿，五九四十五树头秋叶舞，六九五十四乘凉不出寺，七九六十三夜眠寻被单，八九七十二被单添夹被，九九八十一家家打炭墼。"这首谣谚生动地反映了夏至后，天气渐热，然后转凉变冷的气温变化过程，以及这一气温变化对人们生活的影响。

（三）霉

初夏时节，江淮流域开始出现一段阴沉多雨、温高湿大的天气。因其雨季较长，空气渐湿，器物易霉，故称霉雨时节，简称为霉。同时这时又是正值梅子黄熟时期，故亦称这段时期为"梅"或"梅雨时节"。《字汇·木部》："梅，夏雨谓之梅雨。"梅雨，古书上多称为霉雨，并把霉雨开始之日叫入霉（梅），结束之日叫出霉（梅）。其"入""出"的具体时间，《月令广义》（冯应京纂辑）云："芒种后逢丙入梅，小暑后逢未出梅。"（芒种后第一个丙日为入霉，小暑后第一个未日为出霉）因此《埤雅》云："三月雨谓之迎梅，五月雨谓之送梅。"懂得了这点，我们对唐人欧阳詹《薛舍人雨晴到所居既霁先呈即事》中的诗句"江皋昨夜雨收梅，寂寂衡门与钓台"所描写的时节就不难理解了。

（四）社日

古时春、秋两次祭祀土神的日子，一般在立春和立秋后的第五个戊日。《岁时广记·二社日》云："《统天万年历》曰：'立春后五戊为春社，立秋后五戊为秋社。'"杜甫《遭田夫泥饮美严中丞》诗："田翁逼社日，邀我尝春酒。"王驾《社日诗》："桑柘影斜春社散，家家扶得醉人归。"说的都是春社。韩偓《不见》诗："此身愿作君家燕，秋社归时也不归。"说的则是秋社。

（五）寒食

清明前一天（一说清明前两天）。《荆楚岁时记》说："冬至后一百五日谓之寒食，禁火三日。"因此有人以"一百五"为寒食的代称，如温庭筠《寒食节日寄楚望》诗："时尚一百五。"民间谣谚亦云："一百五日寒食雨，二十四番花信风。"相传此节起于晋文公悼念介之推事。以介之推抱木烧死，就定于是日禁火寒食。古时也有以冬至后一百六日为寒食的，如元稹《连昌宫词》说："初过寒食一百六，店舍无烟宫树绿。"就是一例。

（六）上巳

古时以阴历三月上旬的一个巳日为"上巳"。旧俗以此日临水祓除不祥，叫作修禊。《后汉书·礼仪志》云："是月上巳，官民毕絜东流水上，曰洗濯祓除，去宿垢疢。为大絜。"魏晋以后改为三月三日。吴自牧《梦粱录》卷二"三月"云："三月三日上巳之辰，曲水流觞故事，起于晋时。唐朝赐宴曲江，倾都禊饮踏青，亦是此意。"杜甫《丽人行》："三月三日天气新，长安水边多丽人。"便是例证。以后亦有不用三日，而仍用巳日者。如白朴《墙头马上》第一折："今日乃三月初八日，上巳节令，洛阳王孙士女，倾城玩赏。"

（七）腊日

秦时以十二月上旬的一天为腊日。《史记·秦本纪》："十二年，初腊。"张守节正义："十二月腊日也……猎兽以岁终祭先祖，因立此日也。"可见是一个年终祭祖的节日。汉代以冬至后第三个戌日为"腊日"。《说文·肉部》："腊，冬至后三戌，腊祭百神。"后来改为十二月初八。《荆楚岁时记》："十二月八日为腊日，"并说"村人击细腰鼓，作金刚力士以逐疫。"杜甫《腊日》诗云："腊日常年暖尚遥，今年腊日冻全消。"诗中腊日指的就是阴历十二月初八。

（八）重阳

阴历九月初九叫"重阳"，又叫"重九"。古人以为九是阳数，日月都逢九，故曰重阳或重九。曹丕《九日与钟繇书》："岁往月来，忽复九月九日。九为阳数，而日月并应，俗嘉其名，以为宜于长久，故以享宴高会。"杜甫《九日》诗："重阳独酌杯中酒，抱病起登江上台。"古人以此日登高、饮酒、赏菊、插茱萸以被除不祥。王维《九月九日忆山东兄弟》："遥知兄弟登高处，遍插茱萸少一人。"孟浩然《过故人庄》："待到重阳日，还来就菊花。"（《风土记》云此日折茱萸插头，"以辟恶气而御初寒"同《续齐谐记》所载费长房对汝南桓景云"九月九日汝南有大灾难，带茱萸囊登山饮菊花酒可以免祸"是有区别的。从气象与时令关系来看，前者较为可信，而后者乃为登高节之由来。）

星宿分野

《史记·天官书》云："天则有列宿，地则有州域。"把天上的星宿与地上的州国联系起来，并以星宿的运行及其变异现象来预卜州国的吉凶祸福。列宿配州国，这就是古人所谓的"分野"。

分野是古代的占星家，运用天象来解释人事的一种手段，随着时代的发展，他们所采用的分野方法和体系也各有不同。

有按五星分野的，如《史记·天官书》太史公曰："二十八舍主十二州，斗柄兼之，所从来久矣。秦之疆也，候在太白，占于狼、弧。吴、楚之疆，候在荧惑，占于鸟、衡。燕、齐之疆，候在辰星，占于虚、危。宋、郑之疆，候在岁星，占于房、心。晋之疆，亦候在辰星，占于参、伐。"

有按北斗七星分野的，如《春秋纬》："雍州属魁星，冀州属枢星。兖州、青州属机星，徐州、扬州属权星，荆州属衡星，梁州属开星，豫州属摇星。"（魁星指天璇，枢星指天枢，机星指天机，权星指天权，衡星指玉衡，开星指开阳，摇星指摇光）

有按十二次分野的，如《周礼·春官·保章氏》："保章氏掌天星以志星辰日月之变动，以观天下之迁，辨其吉凶。以星土辨九州之地所封，封域皆有分星，以观妖祥。"郑注："九州州中诸国中之封域，于星亦有分焉……今其存可言者，十二次之分也。星纪，吴越也；玄枵，齐也；娵訾，卫也；降娄，鲁也；大梁，赵也；实沉，晋也；鹑首，秦也；鹑火，周也；鹑尾，楚也；寿星，郑也；大火，宋也；析木，燕也。"

如王充《论衡·变虚》："荧惑，天罚也，心，宋分野也。祸当君。"庾信《哀江南赋》："以鹑首而赐秦，天何为而此醉？"

有按二十八宿分野的，如《史记·天官书》："二十八舍（宿）主十二州。"《正义》曰："《星经》云：'角、亢，郑之分野，兖州；氐、房、心，宋之分野，豫州；尾、箕，燕之分野，幽州；南斗、牵牛，吴越之分野，扬州；须女、虚，齐之分野，青州；危、室、壁、卫之分野，并州；奎、娄，鲁之分野，徐州；胃、昴，赵之分野，冀州；毕、觜、参，魏之分野，益州；东井、舆鬼，秦之分野，雍州；柳、星、张，周之分野，三河；翼、轸，楚之分野，荆州也。'"如王勃《滕王阁序》："星分翼、轸。"李白《蜀道难》："扪参历井仰胁息。"

《吕氏春秋·有始览》亦按二十八宿分野，然其分野之法却与《史记正义》不同："天有九野，地有九州……何谓九野？中央曰钧天，其星角、亢、氐；东方曰苍天，其星房、心、尾；东北曰变天，其星箕、斗、牵牛；北方曰玄天，其星婺女、虚、危、营室；西北曰幽天，其星东壁、奎、娄；西方曰颢天，其星胃、昴、毕；西南曰朱天，其星觜巂、参、东井；南方曰炎天，其星舆鬼、柳、七星；东南曰阳天，其星张、翼、轸。何谓九州？河汉之间为豫州，周也；两河之间为冀州，晋也；河济之间为兖州，卫也；东方为青州，齐也；泗上为徐州，鲁也；东南为扬州，越也；南方为荆州，楚也；西方为雍州，秦也；北方为幽州，燕也。"这是以中央及八方为九野，以中、东、北、西、南顺次配二十八宿。其苍天、玄天、颢天、朱天、炎天及变天、幽天、阳天之名是从五行、阴阳之说而得。高诱注云："东北，水之季，阴气所尽，阳气所始，万物向生，故曰变天。""西北，金之季也。将即太阴，故曰幽天。""西方，八月建酉，金之中也。金色曰白，故曰颢天。""西南，火之季也，为少阳，故曰朱天。""南方，五月建午，火之中也，火曰炎上，故曰炎天。""东南，木之季也。将即太阳纯乾用事，故曰阳天。""钧，平也，为四方主，故（中央）曰钧天。"

《汉书·地理志》的分野是："秦地于天官，东井、舆鬼之分野……周地，柳、七星、张之分野……韩地，角、亢、氐之分野……郑之分野与韩同……赵地，昴、毕之分野……燕地，尾、箕之分野……齐地，虚、危之分野……鲁地，奎、娄之分野……宋地，房、心之分野……卫地，营室、东壁之分野……楚地，翼、轸之分野……吴地，斗之分野……粤地，牵牛、婺女之分野。"

《晋书·天文志》所载汉（班固）魏（陈卓）以"十二次配十二野"及"郡国所入宿度"：

自轸十三度至氐四度为寿星，于辰在辰，郑之分野，属兖州。

自氐五度至尾九度为大火，于辰在卯，宋之分野，属豫州。

自尾十度至南斗十一度为析木，于辰在寅，燕之分野，属幽州。

自南斗十二度至须女七度为星纪，于辰在丑，吴越之分野，属扬州。

自须女八度至危十五度为玄枵，于辰在子，齐之分野，属青州。

自危十六度至奎四度为娵訾，于辰在亥，卫之分野，属并州。

自奎五度至胃六度为降娄，于辰在戌，鲁之分野，属徐州。

自胃七度至毕十一度为大梁，于辰在酉，赵之分野，属冀州。

自毕十二度至东井十五度为实沉，于辰在申，魏之分野，属益州。

自东井十六度至柳八度为鹑首，于辰在未，秦之分野，属雍州。

自柳九度至张十六度为鹑火，于辰在午，周之分野，属三河。（三河指河东、东南、河内）

自张十七度至轸十一度为鹑尾，于辰在巳，楚之分野，属荆州。

古人为何以星分野，其依据是什么？《名义考》云："古者封国，皆有分星，以观妖祥。或系之北斗，如魁主雍；或系二十八宿，如星纪主吴越；或系之五星，如岁星主齐吴之类。有土南而星北，土东而星西，反相属者，何耶？先儒以为受封之日，岁星所在之辰，其国属焉。吴越同次者，以同日受封也。"这是说，分野主要依据该国受封之日岁星在哪一次来定。但是，也有少数郡国并非如此，如宋国

"大火，火也"。周武王灭商后，周封殷商后裔于宋。殷人的族星为大火，故宋仍以大火为分野。又如周"鹑火，周也"。周人沿袭殷人后期观察鹑火以定农时的习俗，于是鹑火成了周的分野。再如晋"实沉，晋也"。实沉传说是夏族的始祖。夏为商灭，其地称鲁。周成王封其地于此，称唐叔虞，就是晋国。这三个国家的分野实际上反映了古代不同的民族观测天象，有各自不同的主星。因此，我们不应将分野说笼统地斥之为迷信意识。

北斗星是远古人们的历书和钟表

满天繁星，最引人注目的，莫过于北斗。北斗是北半球天空的重要星象。它由斗身（魁）四星（天枢、天璇、天玑、天权）和斗柄（杓）三星（玉衡、开阳、摇光）组成，属恒显区，大熊星座。北斗七星所处的位置，正好是地球运转轴北端所指的天体上空。地球的运转轴和极是不动的，所以北斗星在不同的季节和夜晚不同的时间，总是出现于北部天空不同的方位。看起来它在围绕着北极星转动，并同为众星所拱。在北纬四十度以北（如北京）地区，全年不论哪天夜晚，都可以看到它围绕着北极星在天空打圈子，永远不会沉下地平线。在我国南方如长江流域广大地区，北斗星沉下地平线的时间也不长。因此几千年来，北斗星一直是人们极为熟悉的星座。在真正科学历法还没有创制的"观象授时"年代，古人为了准确地掌握农事季节，进行有效的生产劳动和活动，"观象"十分精湛，他们所观的"象"，第一是天象，即日月星辰；第二是物候，即动植物的生长和活动规律。早在六千四百年以前，我们的祖先通过长期的天象观测，不仅有了二十八宿的整套观念，懂得了用二十八宿的方位和距离来定月份和季节，而且对北斗星这一散星的运行规律及其重要意义也有十分透彻的认识。河南濮阳西水坡出土的六千三百年前的仰韶文化45号墓葬，墓主人头南脚北仰卧，左侧摆放着一条用蚌壳组成的苍龙；右侧摆放着一只用蚌壳组成的白虎；脚端摆放着用两根人胫骨和蚌壳组成的北斗。其斗柄指向白虎的脑部。这显然是当年的一幅二月春分图像。《史记·天官书》云："斗为帝车，运于中央，临制四乡；分阴阳，建四时，均五行，移节度，定诸纪，皆系于斗。"就是对前人长期观测北斗这一散星的经验的科学总结。具体地说，仰观北斗，可以帮助人们辨别方向，定季节，知时刻。在古人的心目中，北斗就是一部展示在天空的历书和钟表。

一、辨方向

我们从天璇通过天枢划一条直线，并延长到五倍多一点的地方，就可以碰到一颗亮度和它差不多的恒星，这就是北极星。北极星所处的位置，正好是地轴北端所指天体上的一点，它的方向是正北方，其位置一年四季都不变动。当你面朝北极星站着，前面是北；背后是南；右面是东；左面是西。在指北针还没有发明和普及以前，人们夜行、航海、旅游、捕猎、打鱼……无一不依靠北斗星来明方向，指迷途。

二、定节令

在通过推算时令季节而制定的历法诞生之前，人们是靠"观象授时"来掌握农事季节的。《尚书·尧典》云："历象日月星辰，敬授民时。"早在三代以前，我们的祖先不仅会用星宿的方位来定月份和季节，如"二至二分"，而且还会根据北斗柄在初昏时候的指向来定月份和季节。如我国"观象授时"的较早记录《大戴礼》中的《夏小正》对此就有明确记载：十一月冬至"斗柄悬在下"（指正北方）；五月夏至"斗柄正在上"（指正南方）。此后的古书《鹖冠子·环流篇》记载的就更具体了："斗柄东指，天下皆春；斗柄南指，天下皆夏；斗柄西指，天下皆秋，斗柄北指，天下皆冬。"西汉刘安的《淮南子·时则训》记载的则更为周详："孟春之月，招摇（即斗柄）指寅，昏参中，旦尾中，其位东方……仲春之月，招摇指卯，昏弧中，旦建星中，其位东方……季春之月，招摇之辰，昏七星中，旦牵牛中，其位东方……"；"孟夏之月，招摇指巳，昏翼中，旦婺女中，其位南方……仲夏之月，招摇指午，昏亢中，旦危中，其位南方……季夏之月，招摇指未，昏心中，旦奎中，其位南方……"；"孟秋之月，招摇指申，昏斗中，旦毕中，其位西方……仲秋之月，招摇指酉，昏牵牛中，旦觜巂中，其位西方……季秋之月，招摇指戌，昏虚中，旦柳中，其位西方……"；"孟冬之月，招摇指亥，昏危中，旦七星中，其位北方……仲冬之月，招摇指子，昏壁中，旦轸中，其位北方……季冬之月，招摇指丑，昏娄中，旦氐中，其位北方……"

古人凭斗建定月和季的方法，可以围绕北斗星画一个圆圈，按东南西北四个方位将圆圈分为十二等分，仿照钟表的形式来加以说明：下为子（正北）；右下斜为丑、寅；正右为卯；右上斜为辰、巳；上为午（正南）；左上为未、申；正左为酉；左下斜为戌、亥。初昏时候，观测斗柄所指，便能定出月份和春夏秋冬及二十四节气：斗柄指子（"斗柄悬在下"，正北方），是冬至，十一月；斗柄指丑（东北方，偏北），是大寒，十二月；斗柄指寅（东北方，偏东），是雨水，正月；斗柄指卯（东方），是春分，二月；斗柄指辰（东南方，偏东），是谷雨，三月；斗柄指巳（东南方，偏南），是小满，四月；斗柄指午（"斗柄正在上"，南方），是夏至，五月……余此类推。你看北斗多么像一部摆在天上供人们随时阅读的历书。

三、计时刻

在古代还没有发明计时仪表（如古时候的刻漏和现代的钟表）以前，人们不仅根据北斗柄所指的方位确定月份和季节，而且还可以用它来计算时间。例如《宋史·乐志》中就有"斗转参横将旦"的说法。地球每自转一圈为一昼夜，即二十四个小时。倘把一昼夜一圈平分为二十四等份，那么在春分或秋分这二日，从初昏到天亮刚好是十二个小时。这也就是地球自转半圈（一百八十度）所需要的时间。这样，我们就可以根据斗柄一夜（从初昏到天亮）在天空所指的方向变化，画出一个"时间表"。春天初昏时候（晚上六七点钟），斗柄指右（东方，斗柄指正右是六点，但这时因日光未尽，北斗尚未显现）……现在斗柄转而指左（西方）了，很明显这时已近早上六点，快天亮了（早上六点斗柄指正左，这时太阳已出现于东方的地平线，天开始亮了）。倘若这时斗柄指正上（午即天顶，南方），那么我们就可以判断现在的时间是深夜十二点。

在人类生活的历史长河中，北斗星的作用和贡献是不能低估的，这里介绍的只是一部分。然而，即使是这一部分，也足以引起人们对它的重视和兴趣了，怪不得我们的祖先要把斗身四星——魁，奉为主管文学的尊师"文曲星"，而加以供祀。

北斗柄指向示意表

月建	子	丑	寅	卯	辰	巳	午	未	申	酉	戌	亥
农历	十一月	十二月	正月	二月	三月	四月	五月	六月	七月	八月	九月	十月
节气	冬至	大寒	雨水	春分	谷雨	小满	夏至	大暑	处暑	秋分	霜降	小雪
斗柄指向	下	右下	右下	右	右上	右上	上	左上	左上	左	左下	左下
钟表（时）	6	5	4	3	2	1	12	11	10	9	8	7

孔子生年月日之考订

内容提要：孔子生辰有公元前552年夏历八月二十一日和公元前551年夏历八月二十七日之说。孰是孰非？本文根据《春秋》："襄公二十一年（公元前552年）……九月庚戌朔，日有食之。冬十月庚辰朔，日有食之……"《穀梁传》和《公羊传》之继"（是年十月）庚子，孔子生"的记载用古代天文历法之四分术推算，考订：孔子生于公元前552年（鲁襄公二十一年）夏历八月二十一日庚子。

前些日子宁波大学的金先生给我寄来一份《余修文摘》（辑三）。这份《文摘》辑载了叶小草先生的三篇文章，其中有两篇是讨论我国古代思想家和教育家孔子的生年月日的。一篇名《"十月庚子"与孔子生日》；另一篇为《诘难杜撰历史的"权威"——"9月28日"孔诞还要蒙骗民众多久》。

见之于报端和其他媒体所载的孔子诞辰日期，如《光明日报》2005年12月22日刊载的全国政协委员李汉秋《建议以孔诞为教师节》一文，提出了"经权威部门共同研究推算，孔子诞生于公元前551年9月28日"（鲁襄公二十二年十月二十七日庚子，夏历八月二十七日）的结论。

这里所说的"权威部门共同研究推算"的孔诞结论，不外乎是孔子七十世孙清代孔广牧《先圣生卒年月日考》、匡亚明《孔子评传》、张岱年《孔子大辞典·孔子》和张培瑜先生《孔子生卒的中历和公历日期》等论著中所提出的观点。

对这个问题，过去我是很少留意的。因为孔子的诞辰，《春秋》及其《榖梁传》和《公羊传》均有明确记载：《春秋》曰："襄公二十有一年……九月庚戌朔，日有食之。冬十月庚辰朔，日有食之……"《榖梁传》继载："（此月）庚子，孔子生。"《公羊传》载"十有一月庚子，孔子生。"（唐陆德明音义："上有'十月庚辰'，此亦'十月'也。"）如此，我想孔子的诞辰应是十分明确的，即鲁襄公二十一年的周历十月庚子日。这"庚子"是"十月"的哪一天？如果我们能用古代天文历术知识推算出《春秋·襄公》所载之"九月庚戌朔"和"十月庚辰朔"所在的年月，则不仅可以确定并验证孔子诞辰的确切年月，同时也可以推出"十月庚子"是周历十月（夏历八月）的哪一天了。我想这是"权威部门"的"权威专家"们应能解决的问题。所以，对见之于报纸和其他传媒所载的孔子生年月日，我从未怀疑，也未曾加以考究，料想权威专家们该不至于会弄错吧？！

如今读了叶小草先生的质疑文章，才引起了我对此问题的关注。于是我便运用所掌握的古代天文历法及其推算技术，对孔子的生年月日，做了一番推算和验证。

一、孔子是否生于鲁襄公二十一年（公元前552年）"十月庚辰朔"的"庚子"日？

要搞清楚这个问题，首先必须对鲁襄公二十一年（公元前552年）的全年月朔来一番推算。我用中华传统天文历法（古四分历术）19年7闰为一章，4章（76年）为一蔀，20蔀为一纪，$29\frac{499}{940}$ 日为朔实以及《史记·历术甲子篇》所提供的有关数据，并以公元前427年（己酉16蔀）为天正甲寅历的历元近距，推出鲁襄公二十一年（公元前552年）前子月的朔日：

（552－427）÷76＝1……49

16－（1＋1）＝14

查《二十蔀蔀余表》：14为辛卯蔀，其蔀余为27；

76－49＋1＝28（公元前552年进入辛卯蔀之28年）

查史记《甲子蔀子月朔闰气余表》之第28年，是年有闰小月。是年前大余53，前小余727；

27＋53＝80，满一甲减60，得20

查《一甲数次表》：20数次的干支为甲申；

则公元前552年前子月的朔是甲申727分

公元前552年全年的月朔为：

子月甲申727分合朔

丑月甲寅286分

寅月癸未785分

卯月癸丑344分

辰月壬午843分

巳月壬子402分

午月辛巳901分

未月辛亥19分

申月庚辰518分

酉月庚戌77分

戌月己卯576分

亥月己酉135分

子月戌寅634分

古代纪历有建子为正的周历，有建丑为正的殷历，有建寅为正的夏历和建亥为正的颛顼历。经考证《春秋》经传使用的是建子为正的周历。从《甲子蔀子月朔闰气余表》得知：鲁襄公二十一年（公元前552年）有闰月。而古时置闰一般是在年中或岁末。从以上所推出的是年之全年月朔可以看出：此年之闰置于年中（周历六七月间）。于是《春秋》所载的该年"九月庚戌朔"就成了"酉月庚戌朔"了。在年中无闰月的常态下，"酉月"应是建子为正之周历的"十月"（夏历的八月），但因该年有闰小月，且置闰于年中，故"酉月"就成了建子为正之周历的"九月"（夏历七月）了。这样在常年（无闰）状态下建子为正的周历十一月，即此处"己卯576分合朔"的"戌月"便成了闰在年中的周历十月（夏历八月）了。

因此《春秋》的星历史家就将是年"酉月庚戌518分合朔"和"戌月己卯576分合朔"记为"九月庚戌朔"和"十月庚辰朔"。将"十月（即戌月）己卯576分合朔"记为"十月庚辰朔"，比我们所推得的月朔晚记了364分，即9个多小时。这在史籍记历上是很常见的事。倘若我们将该年的闰月置于岁末，那么"戌月己卯576分合朔"，自然就是周历"十一月"了。这大概就是《公羊传》将"十月庚辰朔"记为"十有一月（庚辰朔）庚子，孔子生"的由来。这也大概是唐代陆德明音义标注"上有'十月庚辰'，此亦'十月'

也"的原因。

还需补充说明的是：以上我们推得的月朔是经朔。它是以月亮运行的平均周期，即每月平均为$29\frac{499}{940}$日（亦即29.53085106日）来计算的。而实测朔实是29.530588日。也就是说我们推得的经朔比实朔每月要多出0.00026303日，即307年就多出一天，一年多出3.06分。因此，如果我们要推求实际天象时，则须加减每年的浮差3.06分（以公元前427年为历元近距，在此年以前的则加，在此年之后的则减）。倘若我们要推求公元前552年（鲁襄公二十一年）周历十月即"戌月己卯576分"的实朔，则为：

（552－427）×3.06＝382.5（分）

576＋382.5＝958.5（分）

958.5÷940＝1……18.5

查《一甲数次表》：己卯的干支数次为15

15＋1＝16

从《一甲数次表》得知16数次的干支是庚辰

这就是说，从实朔来看，鲁襄公二十一年（公元前552年）"戌月"即周历十月（夏历八月）的朔日正是"庚辰18.5分合朔"。该年周历"十月"的朔日星历家根据推算订为"己卯576分"。但这是经朔，而实朔是"庚辰18.5分"。因此，一月之中出现了两次合朔，故《春秋》记曰："襄公二十一年冬十月庚辰朔，日有食之。"即出现了"日食月"的实际天象。

周历十月（夏历八月）的朔日干支即为庚辰，那么周历"十月"的"庚子"，自然就是夏历八月二十一日了。

经上面推算验证：孔子诞生于鲁襄公二十一年（公元前552年）"十月庚辰朔"之"庚子日"，即夏历八月二十一日，完全正确。

二、孔子生于鲁襄公二十一年（公元前551年）"十月庚子"（亦即夏历八月二十七日）之说是否能够成立？

读了叶小草先生的文章，我才注意到孔子诞辰还有"年从《史记》，月从《穀梁》，日从《公羊》《穀梁》"之拼凑法（见孔广牧《先圣生卒年月日考》），即孔子之生年月日为"鲁襄公二十二年"，"冬十月庚辰朔"，"庚子日先圣生"之说。亦即张培瑜先生在《孔子生卒的中历和公历日期》一文中所做的结论："我们认为：以鲁襄公二十二年十月二十七日庚子，夏历八月二十七日，公历格历前551年9月28日作为孔子诞辰比较合宜。"

这个用拼凑法得出的孔子诞辰日是否能够成立？我们试以古代天文历法（四分历术）推算来加以验证：

（551－427）÷76＝1……48

16－（1＋1）＝14

查《二十蔀蔀余表》：14为辛卯蔀，其蔀余为27

76－48＋1＝29

查《甲子蔀子月朔闰气余表》第29年，得前大余17，前小余634

27＋17＝44

查《一甲数次表》：44数次的干支为戊申

则公元前551年前子月的月朔为戊申634分（合朔）

则公元前551年全年的月朔为：

子月戊申634分合朔

丑月戊寅193分

寅月丁丑692分

卯月丁未251分

辰月丙子750分

巳月丙午309分

午月乙巳806分

未月乙亥367分

申月甲戌808分

酉月甲辰367分

戌月癸酉866分

亥月癸卯425分

……

从上面所推出的月朔来看，鲁襄公二十二年（公元前551年），全年根本就没有朔日是"庚戌"和"庚辰"的。既然全年没有"庚戌朔"和"庚辰朔"，那么孔子生于是年"十月庚辰朔"的"庚子"日（夏历八月二十七日）就成了无中生有的臆想。退一万步，即使该年有"十月庚辰朔"，则"庚子"也绝不当是"二十七日"！

因为任何具备有起码的历术推算知识的人都知道，任何一个干支日的具体日序的确定，必须首先知道这个干支日所在之月的朔日干支；否则是绝不可能知晓其具体所指日数的。因此，要想知道"十月庚子"的日序，则必须首先知道这"十月"的朔日干支。我们真不知道那些"权威部门"的专家们是如何得出"十月庚子"是"夏历八月二十七日"这样的结论的。而从我们推出的公元前551年（鲁襄公二十二年）全年的月朔来看，是年周历十月（夏历八月）的月朔是"甲辰367分"。从"甲辰"（八月初一）到"庚子"，中间相距44天。这就是说"甲辰朔"的八月根本就没有"庚子"这一天。既然鲁襄公二十二年（公元前551年）既无"庚辰朔"之月，也无"十月（夏八月）庚子"这一天，就更无从说该年夏历八月二十七日是孔子的生日了。

经以上分析、推算和验证：孔子生于公元前551年（鲁襄公二十二年）夏历八月二十七日之说绝对不能成立。

孔子生于公元前552年夏历八月二十一日的科学结论，不容撼动，还可以从杜预注《春秋经传集解》得到印证：

（一）杜"昭七年"注："二十四年（公元前518年）孟喜子卒。""喜子卒时，孔丘年三十五。"即：

518＋35－1＝552

（二）杜"昭十七年"（公元前525年）注："于是仲尼年二十八。"即

525＋28－1＝552

杜预两个注释均证明孔子生于公元前552年。

经以上推算验证，证实：孔子诞辰确如叶小草《"十月庚子"与孔子生日》一文所说："孔子生于鲁襄公二十一年十月庚辰朔庚子二十一日"即公元前552年夏历八月二十一日庚子，这是"无人可撼"的正确结论。至于这年是公元前552年阳历的"10月9日"还是"9月28日"或"今行公历之10月3日"或是其他……我认为这似乎没有什么讨论的必要。因为在阳历（不论是儒略历还是格里历）行用之前的若干年代，我国既然早已施行了干支纪年、岁星纪年、太岁纪年和帝王

纪年等纪年法，并采用了或建子为正，或建丑为正，或建寅为正，或建亥为正的阴阳历（天元甲子历和天正甲寅历），又何须用晚起于它们若干年代的外来阳历的月日去硬套呢？今天我们纪念孔子诞辰，就以每年夏历八月二十一日（孔子的生日）作为教师节和孔子的纪念日，如同每年以夏历五月初五为端午节，八月十五为中秋节，九月初九为老人节和登高节，十二月三十（小月二十九）为除夕节，正月初一为春节，正月十五为元宵节等等一样，岂不更好，更合国情，更合乎中华民族的传统文化精神与习俗礼仪吗？！

屈原生年考辨

屈原是我国战国时期伟大的民族诗人，是"博闻强志，明于治乱，娴于辞令"①的杰出政治活动家、外交家和"才智绝世"，主张"明法审令"、"举贤授能"、富国强民的锐意改革者。可是关于他的出生年月，除了他的自传性的长诗《离骚》有"摄提贞于孟陬兮，惟庚寅吾以降"的自叙外，秦汉以前的史家很少论及。

而历代的楚辞注家或出于"不屑为也"；或出于对古代天文历术的不甚了了，故对其"摄提贞于孟陬兮，惟庚寅吾以降"的阐释和推算就难免异说纷纭。

有说屈原生于楚宣王四年乙卯（公元前366年）夏历正月的（如清代刘梦鹏《屈子纪略》）；有说生于楚宣王十五年丙寅（公元前355年）夏历正月的（如清代刘耀湘《屈子编年》）；有说生于楚宣王二十七年戊寅（公元前343年）夏历正月二十一日庚寅的（如清代邹汉勋《屈子生卒年月日考》、刘师培《古历管窥》及今人游国恩《楚辞概论》、钱穆《先秦诸子系年》和张汝舟《二毋室古代天文历法论丛》等等）；有说生于楚宣王二十七年戊寅（公元前343年）夏历正月二十二日庚寅的（如清代陈玚《屈子生卒年月考》）；有说生于楚宣王二十八年己卯（公元前342年）夏历正月二十六日庚寅的（如汤炳正《屈原赋新探》）；有说生于楚宣王三十年辛巳（公元前340年）夏历正月初七日庚寅的（如郭沫若《屈原研究》）；有说生于楚威王元年壬午（公元前

339年）夏历正月十四日庚寅的（如浦江清《屈原生年月日的推算问题》）；有说生于楚威王五年丙戌（公元前335年）夏历正月初七日庚寅的（如林庚《屈原生卒年考》）；以上这些说法究竟谁是谁非呢？搞清楚这个问题，不仅是研究屈原及其作品的需要，同时也是保卫祖国文化和建设社会主义精神文明的需要。

为了把"中国古代（这位）杰出和进步诗人屈原放到更为准确、更为具体的历史环境中进行评价"[②]，为了彻底驳斥和澄清由"五四"时期廖季平、何天行等人所抛出的"屈原否定论"以及当今在日本等地所泛起的这股历史沉渣，我们很有必要对屈原的生年月日来一番考辨，也就是说在众说纷纭之中，我们应该用科学的办法，通过对屈原的生年月日的周密考证以求得科学的正确结论。

为了考证清楚屈原的生年月日，我们很有必要对"摄提贞于孟陬兮，惟庚寅吾以降"加以阐释，并给大家介绍几种古代天文历术及其推算方法（如岁星纪年法、太岁和干支纪年法以及"四分历术"的推算等），并在这个基础上做出令人信服的结论。

（一）"摄提贞于孟陬兮，惟庚寅吾以降"释义

"摄提贞于孟陬兮，惟庚寅吾以降"这句诗的含义，因"涉及古代天文学、历法学上极其复杂的问题，所以从东汉直到现在将近两千年的学术界，意见极其分歧"[③]。王逸、钱皋之、王夫之、顾炎武、陈本礼、蒋骥、戴震、钱澄之、龚景翰、朱骏声、郭沫若、游国恩、张汝舟、杨胤

宗等认为："摄提，岁也"，"太岁在寅曰摄提格。孟，始也。贞，正也。于，于也。正月为陬。庚寅，日也，屈子以寅年寅月寅日生"④；而朱熹、陈第、王萌、周拱辰、林云铭、屈复、董国英、沈云翔、谢无量、林庚等人则认为："摄提，星名，随斗柄以指十二辰者也。贞，正也。孟，始也。陬，隅也。正月为陬。""其日摄提贞于孟陬，乃谓斗柄正指寅之月耳，非太岁在寅之名也。"也就是说王逸等人认为屈原在这句诗中自叙了生年、月、日；而朱熹等人则认为屈原只是自述了出生的月、日，并没有提到生年。

　　显然，王朱两派分歧的根本原因，是在于对"摄提"做如何理解，也就是说："摄提"究竟是"岁名"还是"随斗柄以指十二辰"的"星名"？

　　我们认为："摄提"并非星名，而是一个星区（几个星宿所在方位）的名称。

　　《石氏星经》云："摄提六星夹大角。"从《天文全图》上看，它属东方七宿的角亢二宿所辖，同二十八宿中的营室一样，恰好处在黄道星空北纬23.5度左右，亦即正东方向。它并不能"随斗柄以指十二辰"，而只是北斗柄"开春发岁"时所指向的一个固定方位。这个问题《史记·天官书》说得很清楚："太角者，天王帝廷，其两旁各有三星，鼎足勾之，曰摄提。摄提者，直斗柄所指以建时节也。"意思是说：在大角天王帝廷的两边各有三颗星（一共六颗），它们同大角成鼎足之形，构成摄提这一星区。正当北斗柄指向摄提这个星区时，可以凭它而建时节。（如同《鹖冠子》所云："斗柄东指，天下皆春。"）《天官书》这里说的是

"直斗柄所指以建时节"。〔"直"是正当的意思。《说文》:"直,正见也。"《博雅》:"正也。"《增韵》:"当也。"《仪礼·士冠礼》:"主人立于阼阶下直东序西面。"《疏》:"谓当堂上东序墙也。""所指"即指向的地方),根本没有"随斗柄以指十二辰"(星随斗转)的意思。〕

"摄提"在黄道星空中所处的这个位置,《天官书》也有交代:"岁星一曰摄提、曰重华、曰应星、曰纪星,营室为清庙,岁星庙也。"这段话文字上疑为后人所窜乱(似应为:摄提,一曰岁星、曰重华、曰应星、曰纪星,庙也。营室为岁星清庙。),但意思还是清楚的,就是说:摄提这个星区,是那个叫岁星的(也就是那叫重华,或叫应星)的清庙,像营室为岁星的清庙一样。在这里,史迁不说它的宿度(这在古人几乎是人人皆知的),而只说它像营室为岁星清庙一样(与营室同处在地球北纬23.5度上空的黄道线上),讲明了这一点,斗柄凭它以建时节自然就清楚了。这个问题,我们用《汉书·律历志》所载《次度》和《星次图》来对照,情况就更清楚了。

从《星次图》看:陬訾始于危宿十六度,终于奎宿四度,中辖营室,东壁两宿。营室居中(《次度》:"中,营室十四度,雨水。"),为岁星必经之处。所以《天官书》说:"营室为清庙。"当岁星运行至营室时,也正是《天文全图》所云"斗柄所指孟春,日月会于陬訾,(以)斗建寅"的时候;而"摄提"所处位置,又恰好同营室处在同一个纬度(黄道线)上,也是岁星必经之地,也是北斗柄所指(正东方)的一个固定方位。因此《天官书》说它与营室同为岁星的清庙，并"直斗杓所指以建时节"。

由此可见，"摄提"原只是黄道星空中的一个固定星区，但由于它在星空中成鼎足之形，夜间十分显眼且所处位置居中，为岁星运行必经之处，因此，不仅北斗柄凭它能"所指以建时节"，而且人们把它作为太岁纪年，即所谓"太阴在寅，岁名摄提格"十二年一轮回的起迄点也很适当。所以《天文全图》歌云："下天田，右摄提，郎位郎将品帝席；周鼎常陈及斗柄，十二度画甚明晰。"当星历家们把"摄提"这个星区作为"太岁纪年"一周期的起迄点，将周天由东向西划为："摄提格、单阏、执徐、大荒落、敦牂、协洽、涒滩、作鄂、阉茂、大渊献、困顿、赤奋若"，亦即"寅，卯，辰，巳，午，未，申，酉，戌，亥，子，丑"十二辰（度）以后，"摄提"便由星区之名，开始向太岁纪年"摄提格"年之名过渡了。这样久而久之，"摄提"就成了"寅年"的代称。（《广韵》："格，度也、量也。""摄提格"就是以"摄提"为起点将一周天划分为十二度（十二等分），"摄提"是其中起始的一度，故特别加以强调叫"摄提格"。"格"又有"至"（《尚书·尧典》："格于上下。"）和"来"（《尚书·舜典》："帝曰：'格，汝舜。'"）的意思。这样"摄提格"，也就是太岁至摄提，亦即"摄提"来寅年到了。

《史记·天官书》："摄提格岁，岁阴左行在寅，岁星右转居丑。正月（夏历十一月）与斗、牵牛晨出东方，名曰监德。"

《汉书·天文志》："太岁在寅曰摄提格，岁星正月晨出东方。石氏（时）曰名监德，在斗、牵牛……甘氏（时）在建星、婺女。太初（时）在营室、东壁。"（意思是：摄提格就是寅年。在甘公、石公时代，岁星在星纪为寅年，月建子；而太初年间，岁星却在陬訾，亦为寅年，月建寅。）

《淮南子·天文训》："太阴在寅，岁名摄提格，其雄为岁星，舍斗、牵牛，以十一月与之晨出东方。东井、舆鬼为对。"

以上三书所载，都是当时的实际天象。"摄提"纪岁，就是寅年，完全可信。

朱熹等人把"摄提"说成是"星名"，并认为它可以"随斗柄以指十二辰"，显然是把史迁《天官书》中的有关文字理解错了。

我国古代，在真正的四分历术还未诞生以前，我们的祖先曾用木星经天一周天（十二年为一周期）来纪年。因此，人们就把木星称作"岁星"、"纪星"或"应星"等，把木星纪年法叫作"岁星纪年法"（那时人们并不知道木星的周期并非12年，而是11.8622年。所以也还没有"跳辰"的概念）。从《星次图》中，我们不仅可以看出：古人把一周天$365\frac{1}{4}$度，按二十八宿每个星宿的距离（距度）划分为十二度数（亦即宿度）相等的宿区，即星纪、玄枵、陬訾、降娄、大梁、实沉、鹑首、鹑火、鹑尾、寿星、大火、析木十二次，亦即子、丑、寅、卯、辰、巳、午、未、申、酉、戌、亥十二辰。当岁星运行到星纪次时，这年就叫"岁在星纪"；当岁星运行到玄枵次时，这年就叫"岁在玄枵"……这个岁星纪年到鲁襄公二十八年（公元前545年），因"岁在星纪而淫于玄枵"，即出现"跳辰"之后，人们就不用岁星纪年而改用"太岁纪年"了(《离骚》:"摄提贞于孟陬兮,惟庚寅吾以降。"贾谊《鵩鸟赋》:"单阏之岁兮,四月孟夏。"用的就是这种"太岁纪年"法)。

在岁星纪年创立之初,星纪、玄枵等十二次只用来纪年,并不纪月。但在岁星纪年因出现"跳辰"而破产之后(公元前545年以后),岁星纪年法就开始废止了。于是星纪、玄枵等十二次却反而只用来纪月,而不再纪年了。

《汉书·律历志·次度》:"星纪,初,斗十二度,大雪。中,牵牛初,冬至。于夏为十一月,商为十二月,周为正月。终于婺女七度。"这里的"星纪"就是夏历十一月,便是"岁星"用于纪月的有力证据。到了屈原生活的年代,星纪、玄枵、陬訾等十二次用于纪月已经有了大约一百年的历史。

杨胤宗《屈原赋新笺》引郝懿行《尔雅义疏》云:"陬者,虞喜以为陬訾。"又云:"陬訾星名,即营室、东壁。正月日月会于陬訾,故以孟陬为名。"说得颇有道理。陬为正月,亦即寅月,约定俗成,固定化了,非独《汉书·律历志·次度》如此,《尔雅·释天》还记载了十二个月的专称:"正月为陬,二月为如,三月为寎,四月为余……"

据汤炳正先生云:"解放前长沙出土的战国楚帛书,其中所标十二月名,跟《尔雅·释天》完全一致。"[⑥]"摄提贞于孟陬兮"中的"孟陬"(陬訾)即已纪月,屈原岂会画蛇添足又来一个"摄提"纪月?朱熹等人所说"摄提"乃是"斗柄正指寅位之月","非太岁在寅之名",显然是错了。且顾炎武《日知录》卷三十云:"自春秋以下记载之文,必以日系月,以月系时,以时系年。此史家之常法也……《楚辞》：'摄提贞于孟陬兮，惟庚寅吾以降。'摄提，岁也。孟陬，月也。庚寅，日也。屈子以寅年寅月寅日生……或谓摄提，星名，《天官书》所谓直斗柄所指以建时节者，非也。岂有自述其世系生辰，乃不言年而只言日月者哉！"

汤炳正先生《屈赋新探》亦说："《周礼·地官·司徒》：'凡男女自成名以上，皆书年、月、日，名焉。'注引郑司农云：'成名谓子生三月父名之。'《疏》云：'子生三月父名之，《礼记·内则》文。按《内则》文，三月之末……父执子右手咳而名之……书曰某年某月某日某生，而藏之。'可见古代礼俗很重视命名之礼，这跟《离骚》所谓'肇锡吾以嘉名'的叙述是一致的；而在命名的同时，必纪录诞生的时日，这时日必须是年、月、日三者齐全。这也就是《离骚》所谓'摄提贞于孟陬兮，惟庚寅吾以降'。则'摄提'指年，'孟陬'指月，'庚寅'指日，更与中国古代的礼俗相符合。如果说这里'摄提'……只纪月而不纪年，则不仅跟古代礼俗不合，也跟《离骚》首段上下文义相乖离。"

古人以日月系年的事，我们还可以贾谊的《鵩鸟赋》"单阏之岁兮，四月孟夏，庚子日斜兮，鵩集于舍"为证。贾谊晚屈原不过一百来年，而且非常同情并效法屈原的为人。他在此赋中无疑是完全模仿了《离骚》"摄提贞于孟陬兮，惟庚寅吾以降"的叙述方式，年、月、日，三者并举。

此外，许慎《说文解字·后叙》"粤在永元困顿之年，孟陬之月，朔日甲子"，亦是后世文人学士模仿古俗以太岁纪年，年、月、日三者并举的例证。

现在我们可以肯定："摄提贞于孟陬兮，惟庚寅吾以降"，屈原自叙生年是年、月、日三者并举，就是寅年寅月寅日。王逸等人所说完全正确。既然如此，那么刘梦鹏的公元前366年（乙卯）、郭沫若的公元前340年（辛巳）、浦江清的公元前339年（壬午）、林庚的公元前335年（丙戌）等等之说，均因不是寅年而概不可信。更何况经我们用"四分历术"推算检验（具体检验法下面再讲）：公元前366年（乙卯）夏历正月为癸巳朔，该月并无庚寅日；公元前335年（丙戌）夏历正月是壬寅朔，该月亦无庚寅日！生年、月、日三者错了两个，有何科学可言？！

（二）岁星纪年及其推算

我们知道，郭沫若和浦江清等人是用"岁星纪年法"来推算屈原的生年、月、日的。为了验证他们的推算是否正确，我们先简单介绍一下岁星纪年法及其推算。

前面已经提到，岁星纪年法是以天象（木星）为基础的纪年法。所谓岁星纪年就是以木星经天十二年为一周期，把天球赤道由西往东均匀地划分为星纪、玄枵、娵訾、降娄等十二次（宫），或代之以子、丑、寅、卯等十二辰，木星一年行经一次（辰或宫）。当木星运行到"星纪"次时，这年就叫"岁在星纪"；运行到"玄枵"次时，就叫"岁在玄枵"……但实际上木星的周期并不是12年而是11.8622年。这样，一周天就相差0.1378年。多少个周天相差一年呢？

$1 \div 0.1378 = 7.256894049$（周），即7.256894049周天就相差一年。这就是说每隔七个多周天，即八十六年（算法是：$7.0256894049 \times 11.8622 = 86$）木星就要多行经一个辰

次。这个现象星历家们称作"跳辰"。因此到鲁襄公二十八年（公元前545年）时，这个岁星纪年便因"岁在星纪而淫于玄枵"，"岁弃其次而旅于明年之次"，即因"跳辰"而开始废止了。

我们可以《左传·襄公二十八年》（公元前545年）"岁在星纪而淫于玄枵"和《左传·昭公三十二年》（公元前510年）"岁在星纪"所载实际天象为基本历点，推出"岁在星纪"的各个年代（注：公元前545年"岁在星纪而淫于玄枵"，这就是说：公元前545年岁星本当在"星纪"，但它已"跳辰"，跑到下一个辰次"玄枵"去了，也就是说，从实际天象看，岁星在公元前546就已经次于"星纪"了）。岁星纪年是以十二年为一周期的，所以，岁星下一个"星纪"（546－12）当是公元前534年了。于是我们就可以公元前534年和《左传·昭公三十二年》即公元前510年"岁在星纪"为基本历点，排出《岁在星纪年表》如下：

岁在星纪	岁在星纪	岁在星纪	岁在星纪	岁在星纪	岁在星纪
前534年	前451年	前368年	前285年	前202年	前119年
前522年	前439年	前356年	前273年	前190年	前107年
前510年	前427年	前344年	前261年	前178年	前95年
前498年	前415年	前332年	前249年	前166年	前83年
前486年	前403年	前320年	前237年	前154年	前71年
前474年	前391年	前308年	前225年	前142年	前59年
前463年（跳辰）	前380年（跳辰）	前297年（跳辰）	前214年（跳辰）	前131年（跳辰）	前48年（跳辰）

利用这个"星纪年表"，我们可以检验浦江清的推算是

否正确。

　　浦先生云："公元前339年岁在陬訾。"我们从表中看出：公元前344年和公元前332年为"岁在星纪"之年；公元前339年比公元前344年晚5年，比公元前332年早7年。我们从"星纪"的下一次（辰或宫）往下顺数5，或从"星纪"的上一次往上逆数7，均为"实沉"。这就是说公元前339年"岁在实沉"而非陬訾。浦先生是推算错了。另外，我们还可以用公元510年（昭公三十二年）"岁在星纪"为标准历点，以八十六年跳一辰来验证一下我们这个查表索检法的正确性。从公元前510年到公元前339年，是171年，以十二除余三，加两次跳辰，〔计：（510－339）÷12＝41……3；171÷86＝2；3＋2＝5〕，从"星纪"的下一次往下顺数5，亦即实沉。浦江清以"太初元年前十一月岁在星纪婺女六度"为标准历点进行推算，而又忽略了一个"前"字和"婺女六度"，因此，把公元前339年错推成"岁在陬訾"了。

　　张汝舟《二毋室古代天文历法论丛》指出："公元前339年，纵然岁星在陬訾，太岁也不在寅。"完全正确。《汉书·天文志》云："太岁在寅曰摄提格，岁星正月晨出东方。石氏（时）曰名监德，在斗，牵牛……甘氏（时）在建星、婺女。太初（时）在营室、东壁。"这就是说甘公石公时代岁星在星纪（斗、牵牛），而太初年间岁星则在陬訾（营室、东壁）。当时人们并不懂得跳辰，都是实察实录。浦先生的"岁在陬訾，太岁在寅"，正是汉武帝太初年间的天象，非公元前339年的天象。从公元前339年到公元前104年（太初元年）相距234年，岁星已跳辰两次矣！浦先生拿二百多年后的实际天象（"岁在陬訾"），去解释公元前339年的事焉能不错？

从"星纪年表"中可以查知：公元前427年"岁在星纪"，那是甘公石公和《淮南子·天文训》等所说的"太阴在寅，岁名摄提格，其雄为岁星，含斗、牵牛，以十一月之晨出东方"之年。但到公元前343年时，岁星已于公元前"368年跳辰"一次，即"岁在星纪而淫于玄枵"了。我们又从"星纪年表"得知：公元前344年也是"岁在星纪"，则公元前343年自然是"岁在玄枵"了。岁星跳辰而太岁并不跳辰（道理下面再讲）。因此，从岁星纪年来说，公元前343年尽管是岁在玄枵，但从太岁纪年来说这年仍应为"太岁在寅，岁名摄提格"，亦即寅年。所以用岁星与太岁纪年法来检验屈原生于寅年，即公元前343年，其结果证明是正确的。

（三）太岁、干支纪年法及其推算

如前所说，岁星纪年所用十二次：星纪、玄枵……是沿天球赤道按其运行方向由北向西，向南，向东依次排列的。这个方向与古人熟悉的天体十二辰（以子、丑、寅、卯等十二地支配二十八宿）划分的方向正好相反，在实际运用中很不方便。

于是星历家便设想出一个假岁星叫"太岁"（《汉书·天文志》叫太岁，《史记·天官书》叫岁阴，《淮南子·天文训》叫太阴），让它与真岁星"背道而驰"而与十二辰二十八宿的方向、顺序一致，即从东到西，匀速运行十二年为一周天。也按分周天赤道带为十二等分的办法，将地平圈分为：子、丑、寅、卯等十二辰（亦名"摄提格""单阏""执徐""大荒落"等十二"岁阴"）。

太岁创使之初，它和岁星保持着固定的对应关系，即：岁星在星纪，太岁在寅；岁星在玄枵，太岁在卯；岁星在娵訾，太岁在辰……用这个假想的天体——"太岁"所在的"辰"来纪年的方法，就叫太岁纪年法。

由于太岁纪年法创制使用之初，考虑了与岁星纪年的对应关系，所以使用太岁纪年法推算历点时，要先确定木星所在的实际位置，特别是木星在星纪的位置，以求找到太岁纪年的起算点。《淮南子·天文训》所列十二个岁名与太岁居辰的固定关系是：

太阴在寅，岁名曰摄提格，其雄为岁星，舍斗、牵牛（星纪）

太阴在卯，岁名曰单阏，岁星舍须女、虚、危（玄枵）

太阴在辰，岁名曰执徐，岁星舍营室、东壁（娵訾）

太阴在巳，岁名曰大荒落，岁星舍奎、娄（降娄）

太阴在午，岁名曰敦牂，岁星舍胃、昴、毕（大梁）

太阴在未，岁名曰协洽，岁星舍觜、参（实沉）

太阴在申，岁名曰涒滩，岁星舍东井、舆鬼（鹑首）

太阴在酉，岁名曰作鄂（《史记》作"作噩"），岁星舍柳、七星、张（鹑火）

太阴在戌，岁名曰阉茂（《史记》作"淹茂"），岁星舍翼、轸（鹑尾）

太阴在亥，岁名曰大渊献，岁星舍角、亢（寿星）

太阴在子，岁名曰困顿（《史记》作"困敦"），

岁星舍氐、房、心（大火）

　太阴在丑，岁名曰赤奋若，岁星舍尾、箕（析木）

　岁星纪年因"跳辰"而被废止之后，相伴而生的太岁纪年也因之而失去了"岁星在星纪，太岁在寅"这种固定关系。但由于太岁只是一个假想的天体，它不像真岁星那样，要以天象观测为依据；因此，它不像岁星那样存在"跳辰"问题。王引之《太岁考》云："岁星超辰，而太岁不与俱超……干支相承有一定之序。若太岁超辰，则百四十四年而越一干支，甲寅之后遂为丙辰。大乱纪年之序者，无此矣！……故论岁星之行度久而超辰，不与太岁相应，古法相应之说，断不可泥。"岁星超辰，太岁根本没有超辰。战国初期（甘公石公时代）的"太阴在寅，岁星在星纪"，到了汉代太初年间"太阴在寅"而岁星却在"陬訾"，就是这个道理。

　由于太岁没有超辰，这样它便可以脱离同岁星的对应关系，而成为不受天象制约的纪年法，且由于它的"摄提格""单阏""执徐"等十二"岁阴"，与十二地支相配合，久而久之就成了干支的别名，并在实际中取代了十二地支。所以太岁纪年十二年一循环，本质上就是地支纪年，到了阏逢（《史记》作"焉逢"）、旃蒙（端蒙）、柔兆（游兆）、强圉（疆梧）、著雍（徒维）、屠维（祝梨）、上章（商横）、重光（昭阳）、玄黓（横艾）、昭阳（尚章）十"岁阳"（实为天干之别名）（见《尔雅·释天》《史记·历术甲子篇》）与摄提格、单阏、执徐等十二"岁阴"相配合时（公元前427年），便成了完整的干支纪年了。古人干支纪年，有时为了"故避子丑寅卯等文字"，便采用干支的别名（岁阳和岁阴），如甲寅年就写成为"焉逢摄提格"，乙卯年就写成"端蒙单阏"了。《史记·历术甲子篇》通篇的纪年就是如此。

运用太岁纪年原是一件十分简单的事，只需从史籍上找到一个"太岁在寅，岁名摄提格，其雄为岁星，舍斗、牵牛（太岁在寅，岁星在星纪）的历点"作为起点，按十二年一轮回排个"摄提格"年表就可以了。如：周考王十四年（公元前427年）"天正甲寅"就可以作为标准历点，排出"太岁在寅，岁名摄提格"之年表（《摄提格寅年表》）：

摄提格（寅）	摄提格（寅）	摄提格（寅）	摄提格（寅）	摄提格（寅）
前427年	前355年	前283年	前211年	前139年
前415年	前343年	前271年	前199年	前127年
前403年	前331年	前259年	前187年	前115年
前391年	前319年	前247年	前175年	前103年
前379年	前307年	前235年	前163年	前91年
前367年	前295年	前223年	前151年	前79年

郭沫若先生用太岁纪年法考证屈原生年，但他上了钱大昕《太阴太岁辨》（《潜研室文集》）"太阴为太阴，太岁为太岁"，"太阴纪岁，太岁超辰"的当，把太岁纪年与岁星纪年法混为一谈，推算时采用了"超辰"，结果造成歧说，而我们以公元前427年为标准历点，往下顺推十二年一轮回，即可得知公元前343年为"太阴在寅，岁名摄提格"之年（我们也可以从"摄提格年表"一查即得公元前343年为"摄提格"寅年）。

　　我国古代，干支不仅用于纪日、纪月，而且也用于纪年。干支纪年的历史亦由来久矣。甘公云："单阏之岁，摄提格在卯，岁星在子，与须女、虚、危，晨出夕入。"（《开元占经》卷十三）《史记·历术甲子篇》记历通篇用的都是干支别名。《史记·十二诸侯年表》、贾谊《鹏鸟赋》、《淮南子·天文训》、《汉书·郊祀志》以及战国时期盛传的"天正甲寅元""人正乙卯元"等，这些都是干支纪年的明证。王引之《太岁考》更列举西汉诏文及文人手笔（如"武帝诏书之乙卯""天马歌之执徐"），干支纪年历历不紊。孙星衍《问字堂卷五·再答钱少詹书》云："今按《史记·十二诸侯年表》，自共和讫孔子，太岁未闻超辰。表自庚申纪岁，终于甲子，自属史迁本文，亦不可谓古人不以甲子纪岁。《货殖列传》云：'太阴在卯，穰；明岁衰恶，至午，旱；明岁美。'此亦甲子记岁之明征，不独后汉书：'今岁在辰，来年岁在巳，之文矣。'"距今七千年以前的炎帝神农于公元前5037年创制了"天元甲子历"。六千六百年前的黄帝轩辕氏于公元前4567年调制了"天正甲寅历"。他们使用的都是干支纪年。现在有些专家还说干支纪年起于东汉，试图以此否认屈原生于寅年之说，显然是没有道理的。楚人精于历术，据张汝舟等专家考证，战国初期的大星历家甘公和石公均是楚人。中国古历宝典《史记·历术甲子篇》亦是楚国中秘之书。甘公云："单阏之岁，摄提格（指太岁）在卯，岁星在子。"（见《开元占经》）这是楚人干支纪年的铁证。屈原是楚国公族，又是才智绝世的鸿儒博学之士，他"用本国历法自纪生辰，备记年、月、日，夫复何疑"（《二毋室古代天文历法论丛》）？屈原生于公元前343

年戊寅之说，我们可以公元前427年"甲寅"和公元前366年"乙卯"，这两个战国时期广为人知的干支为标准历点，用逐年推算法，按六十干支的自然排列顺序，从公元前427年（甲寅）起下推85年（或从干支甲寅起下数85位）；或从公元前366年（乙卯）起下推23年（或从干支乙卯起往下数23位），均可得出公元前343年即戊寅的结论。

（四）四分历术及其推算

我国公元前427年行用的历法，是一部以岁实$365\frac{1}{4}$日，朔实$29\frac{499}{940}$日和十二个朔望月354日为基本数据，将日月周期相调谐合，经推朔、置闰，"定四时成岁"的阴阳历。为了使岁实和朔实等数据最后能同六十甲子相调合，星历家们采用了大于年的计算单元，即：

章：十九年七闰为一章〔$12\times19+7=235$（月）〕

蔀：四章为一蔀〔$19\times4=76$（年）；$235\times4=940$（月），$365\frac{1}{4}\times76=27759$（日）〕

纪：二十蔀为一纪〔$76\times20=1520$（年）〕

元：三纪为一元〔$1520\times3=4560$（年）〕

《史记·历术甲子篇》就是这种四分历术最早见之于文字的科学宝典。我们用《历术甲子篇》提供的年序、大余、小余和七十六年为一蔀等数据（见《甲子蔀子月朔闰气余表》），再加上一个《二十蔀蔀余表》和《一甲数次表》，便可推出和验证公元前427年前后上下数千年中任何一年的月朔和日的干支。

要推某年的朔闰，当先以历元近距公元前427年和它所属的己酉十六蔀为基点，推出该年入《二十蔀蔀余表》中的某蔀第几年；然后用《甲子蔀子月朔闰气余表》的年序，查出某蔀第几年的"大余"和"小余"；然后再用"大余"加该蔀余，其所得之和即为所查之年前子月（夏历十一月）的朔日干支数次，小余为合朔时刻（用分数计算，分母是940）。最后用《一甲数次表》一对朔日干支数次，干支便出来了。

（注：四分历术是按朔实每月 $29\frac{499}{940}$ 日平均计算的。因此所推出的朔叫平朔或经朔。）

但实际上月亮绕地球运行的速度并不平衡，每月不一定是 $29\frac{499}{940}$ 日。后人用精密仪器实测的月实是29.530588日。这就是说四分历术的朔实比实测月实每月多出0.00026306日，每年多出0.0032536日（即0.000263036×235÷19），计307年就多出一天（1÷0.0032536＝307），亦即每年多出3.06分（940÷307），一日为940分。因此，倘若我们要推算某年的实际天象，则应在上面推算出的朔日干支数次上（含小余分数），再加上或减去每年的浮分3.06分（推算公元前427年以前时就加；推算公元前427年以后就减）。然后用《一甲次数表》一查，即得该年实际天象的朔日干支。否则，就会出现与实际天象不合的情况。

我们试用四分历术的推步，来验证屈原生于公元前343年戊寅夏历正月二十一日庚寅，是否正确：

（427－343）÷76＝1……8（算外加1，为9），从己酉

十六蔀往下顺推1，该年进入十七戊子蔀第九年。

查《二十蔀蔀余表》：十七戊子蔀蔀余24。

查《甲子蔀子月朔闰气余表》：第九年，十三，大余14，小余22；该年闰十二月。

（蔀余）24＋（大余）14＝38

查《一甲数次表》：38为壬寅。即公元前343年前一年子月（夏历十一月）的朔日干支为壬寅。从《甲子蔀子月朔闰气余表》得知第九年闰丑（十二）月（四分古历闰在岁末）。据此，我们可排出以下各月的朔日干支：

子月壬寅　　22分合朔

丑月辛未　　521分合朔

闰丑月辛丑　80分合朔

寅月庚午　　579分合朔

即夏历正月初一是庚午。

翻《一甲数次表》从庚午（正月初一）往下数到"庚寅"是正月二十一。公元前343年夏历正月二十一日为庚寅，不错。公元前343年为寅年，我们已在前面验证过。现在我们再用公元纪年与干支换算公式，验算一下：

（343－427）÷60＝－1……－24

50－（－24）＝74（50是《一甲数次表》中的"甲寅"序数）

74－60＝14　　（60甲子一轮回）

查《一甲数次表》：14为戊寅。

以上推算证明：公元前343年为戊寅，夏历正月（为寅月）二十一日是庚寅日，与屈原自叙生年月日——寅年寅月寅日完全吻合。

这个推算法是否可靠呢？我们试推贾谊《鵩鸟赋》"单阏之岁兮，四月孟夏，庚子日斜兮，鵩集于舍"再来验证一下。"单阏"是卯的别名，根据贾谊生活年代推知是丁卯。这是汉文帝六年公元前174年夏历四月二十三日庚子发生的事。这个说法是否正确？试推算之：

（427－174）÷76＝3……25（算外加1，为26）

从己酉十六蔀往下顺推3，该年进入十九丙午蔀第26年。查《二十蔀蔀余表》：十九丙午蔀余42。

查《甲子蔀子月朔闰气余表》：第26年大余5，小余31。

（蔀余）42＋（大余）5＝47

查《一甲数次表》：47为辛亥。即公元前174年前一年子月（夏历十一月）朔日为辛亥。

据此，我们可以排出以下各月的朔日干支：

子月辛亥　31分合朔

丑月庚辰　530分合朔

寅月庚戌　89分合朔

卯月己卯　588分合朔

辰月己酉　147分合朔

巳月戊寅　646分合朔

即夏历四月（孟夏初一是戊寅）。

查《一甲数次表》：从戊寅（四月初一）往下数到"庚子"，是四月二十三日。那么，公元前174年是否是卯年呢？

我们用公元纪年与干支换算公式一推即得：

（174－427）÷60＝－4……－13

50－（－13）＝63

63－60＝3

查《一甲数次表》：3为丁卯。

以上推算证明：公元前174年是丁卯，夏历四月二十三日是"庚子"，与贾谊所叙完全吻合。证明我们的推算正确无误。

现在我们用这个方法，来检查一下郭沫若推出的屈原生于公元前340年夏历正月初七庚寅是否能够成立？

（427－340）÷76＝1……11（算外加1，为12）

从己酉十六蔀往下顺推1，该年进入十七戊子蔀第12年。

查《二十蔀蔀余表》：十七戊子蔀蔀余24。查《甲子蔀子月朔闰气余表》：第12年大余56，小余184。

（蔀余）24＋（大余）56＝80

80－60＝20

查《一甲数次表》：20为甲申。即公元前340年前一年子月（夏历十一月）朔日为甲申。

据此，我们可排出以下各月朔日干支：

子月甲申184分合朔

丑月癸丑683分合朔

寅月癸未242分合朔

即夏历正月初一为癸未。

翻《一甲数次表》从癸未（正月初一）往下数到初七是

己丑，初八才是"庚寅"。

我们用公元纪年与干支换算法，推公元前340年的干支：

（340－427）÷60＝－1……－27

50－（－27）＝77

77－60＝17

查《一甲数次表》；17为辛巳。即公元前340年是辛巳年。

以上推算证明：公元前340年夏历正月初七不是寅年寅日。"三寅"缺了两寅（只剩下一个夏历正月为寅，这是无须推算的），与屈原自叙生年月日不合，郭沫若之说确实错了。

那么，浦江清的公元前339年夏历正月十四庚寅之说，又对不对呢？我们也来检验一下：

（427－339）÷76＝1……12（算外加1，为13）

从己酉十六蔀往下顺数1，该年进入十七戊子蔀第13年。

查《二十蔀蔀余表》：十七戊子蔀蔀余24。查《甲子蔀子月朔闰气余表》：第13年大余50，小余532。

（蔀余）24＋（大余）50＝74

74－60＝14

查《一甲数次表》：14为戊寅。即公元前339年前一年子月（夏历十一月）朔日是戊寅。

据此，我们可排出公元前339年以下各月的朔日干支：

子月戊寅　532分合朔

丑月戊申　91分合朔

寅月丁丑　590分合朔

即夏历正月初一是丁丑。

查《一甲数次表》从丁丑（正月初一）往下数到正月十四是庚寅，符合寅月寅日的要求。剩下的问题是看公元前339年是不是寅年？我们用公元纪年与干支换算公式来推算：

（339－427）÷60＝－1……－28

50－（－28）＝78

78－60＝18

查《一甲数次表》：18是壬午。

以上推算证明：公元前339年是壬午，不是寅年，与屈原自叙生年月日不合。

浦先生的屈原生于公元前339年夏历正月十四日庚寅之说亦不能成立。

我们用四分历术（《历术甲子篇》为我们提供的"法"）来检验前面提到的各家之说，证明除"屈原生于公元前343年戊寅夏历正月二十一日庚寅"之说完全正确外，其余各家之说通通不能成立。郭沫若等专家虽然他们所推之年的夏历正月均有"庚寅"日，但却不是他们所推定的那一天，都比他们所推定的日子恰好相差一天（郭沫若推定是公元前340年夏历正月初七，汤炳正先生推定是公元前342年夏历正月二十六日，而实际上，他们推定的那天都不是"庚寅"，而是"己丑"）。这些前辈专家学者，其所以出现以上失误，主要是他们过分地相信了日本学者新城新藏的"战国长历"。我们知道，新城新藏著《东洋天文学史研究》，洋洋数十万言，于天文历术不无建树，然亦有不少失实之处。新城迷信刘歆"三统论"，他依照刘歆的"孟统"所排的"战国长历"，刚好比我们采用的《历术甲子篇》四分历术（公元前427年凭实测天象而制定的历法）之朔要前推一天（见《汉书·律历志》）。如新城新藏的"战国长历"，把公元前342年寅月（夏历正月）的朔日定为乙丑，经我们推算，实际这年正月的朔日却是甲子，927分合朔。而汤炳正先生"根据"新城新藏的战国长历"这年正月朔乙丑"进行推算，所以得出了"这年的正月二十六日，又恰恰是'庚寅'日的歧说"。[⑦]清人陈旸推算屈原生年月日为"（公元前343年）戊寅正月廿二日"，同样是上了"三统"的当，相差一天。要是不这样，陈旸的推算也相当精确了。

清人刘梦鹏的"公元前366年正月说"，经我们推算证明的确不能成立。该年是乙卯年，夏历正月的朔日是癸巳，304分合朔。这个月根本没有"庚寅"日。

清人曹耀湘的"公元前355年夏历正月说"，经我们推算验证，该年确为丙寅，夏历正月朔日是己丑，888分合朔，正月初二是"庚寅"，符合屈子生于寅年寅月寅日之说。但曹耀湘本人并未推出日的干支，只说寅年寅月，所以也不完全；且从屈原生活的时代背景和生平事迹来分析，说他生于公元前355年丙寅正月初二日庚寅，似乎有点失之过早，因此曹说亦不足信。

林庚先生的《屈原生卒年考》，把屈原的生年月日定为"纪元前335年（楚威王五年）的正月七日庚寅"。此说是否正确？我们试检验之：

（427－355）÷76＝1……18（算外加1，为19）从己酉十六蔀往下顺数1，该年进入十七戊子蔀第19年。

查《二十蔀蔀余表》：十七戊子蔀蔀余24。查《甲子蔀子月朔闰气余表》：第19年大余15，小余798；该年十三月

（闰十二月）。

（荩余）24十（大余）15＝39

查《一甲数次表》：39为癸卯。即公元前335年前一年子月（夏历十一月）朔日是癸卯，798分合朔。该年闰十二月。据此，我们可排出公元前335年以下各月的朔日干支：

子月癸卯　　798分合朔

丑月癸酉　　357分合朔

闰丑月壬申　856分合朔

寅月壬寅　　415分合朔

即夏历正月初一是壬寅。

查《一甲数次表》从壬寅（正月初一）往下数二十九位（因该月小）或三十位，其中均无"庚寅"，这就是说，公元前335年夏历正月没有"庚寅"日。林庚先生说"正月七日庚寅"，是不对的。经我们推算公元前335年是丙戌，也不是寅年（计算如下）：

（335－427）÷60＝－1……－32

50－（－32）＝82

82－60＝22

查《一甲数次表》：22是丙戌。

林庚先生不明推步，他的结论同上述某些专家一样，也是根据新城新藏的战国长历做出的，"三寅"缺失两寅，实不可信。

结束语

科学是实事求是的东西。在科学面前，来不得半点虚伪和骄傲，也不能以权威大小来决定是非与取舍。对屈原生年月日的研究，中国历代的楚辞注家，特别是清代以来的专家和学者，不少人曾对它进行过潜心研究和推测，各家自有建树，其成绩亦可谓为蔚然大观。然亦如清人汪赵菜《长术辑要》所言："读史而考及于月日干支，小事也；然亦难事也。欲知月日，必求朔闰；欲求朔闰，必明推步……盖其事甚小，为之则难。"上述各家如郭沫若、林庚诸先生，盖因其不甚精于天文历术之推步，或迷于刘歆的"三统"，照抄日本新城新藏博士的战国长历来论定屈子生年月日，因而造成种种歧说，以致使后世青年同志，乃至学术界的专家、学者和同仁们，或歧途却步，茫然不知所从；或仰权威之大而俯首。唯张汝舟先生，"壮年以好胜心钻《史记·历书》《汉书·律历志》"⑧"暮年八十""老骥伏枥，志在千里"，果骊龙探珠，深得四分历术之精要，将沉埋两千多年的中国天文历法两大宝书——《史记·历术甲子篇》和《汉书·律历志·次度》的尘埃拂去，迷烟清扫，并首创以四分历术（《史记·历术甲子篇》）之精诀来推算屈原生年月日，且以史家典籍所载之天象实录和出土文物提供的"历点"来验证其推步之精密度和科学性，写成《西周考年》和《再谈屈原的生卒》等鸿篇巨制，刊行于世。至此，有关屈原生年月日的种种歧说，理当休矣！然先生虽名列学班，但却非世人皆知的"权威"。故其卓然之学，鲜为人知。尽管自清代邹汉勋、刘师培及今人游国恩、钱穆等先生，虽亦曾再三申说屈子生于公元前343年戊寅正月二十一日庚寅，可还是小权威压不过大权威。当今的不少《楚辞》注本或史书，只要一提到屈原的生年，几乎无不以郭沫若先生所言"屈原生于公元前340年"云云。科学真理至今仍被权威所淹没，岂不令人慨然！今特不揣愚陋，试以岁星纪年、太岁纪年以及四分历术等各种手段，对各家学说，一一加以考辨，以期拨散烟云，使学术界同仁不盲目折服于权威，使"屈原生于公元前343年戊寅夏历正月二十一日庚寅"之真理，见白于学界（湖南汨罗县玉笥山南麓有一个寿星台遗址。每年正月二十一日当地人民为纪念屈原诞辰，都在这里演戏，以为诗人祝寿，台前有前人楹联一首："江流不尽留秦恨，弦曲难弹悟楚心。"可为佐证）。谬误之处，请方家赐教！

注：

① 引自《史记·屈原列传》

②③⑥⑦ 引自汤炳正《屈赋新探》

④ 王逸引自《楚辞章句》

⑤ 引自朱熹《楚辞集注》

⑧ 引自张汝舟《二毋室古代天文历法论丛》

后记

　　这本书的正文是我请蒋南华老师从他的《中华传统天文历术》（海南出版社1996年2月版）中遴选而成的。南华老师和张闻玉老师，皆当代古天文历法考据学派的代表人物。两位老师偏居西南，远离首善之区，不能如政治文化中心之人炙手可热，却得静心学术，以古天文历法学之大纛立于学术之林。南华老师传承本师张汝舟先生古天文历法学说，在四分历的基础上，坚持"月相定点"说，强调纸上材料（文献记录）、地下材料（出土文物）与天上材料（实际天象）"三证合一"。尽管张汝老谦虚地说"天文历法，技而已矣"，然古天文历法学实为中华民族"绝学"的重要组成部分，也是中华优秀传统文化中的"冷门学科"，而传承与弘扬这门极冷学问，尤已不容迁延。本书一反某些同类著作将古天文历法学讲得神乎其神、深不可测的做法，而力求简明扼要、实用易学。故即使并无基础之人，通过本书的学习，也不难入古天文历法学之门。选入《孔子生年月日考订》《屈原生年考辨》两篇推算实例之文，以演示中华古历的先进实用性和科学性，借使读者举一反三，学以致用。

　　　　　　　　　　　　丁酉小年（家母寿辰后两日）
　　　　　　　　　　　　　　汤序波敬识